国家级职业教育规划教材
对接世界技能大赛技术标准创新系列教材
全国中等职业学校美发专业教材

徐勇　主编

# 生活与时尚发型染色

人力资源社会保障部教材办公室　组织编写

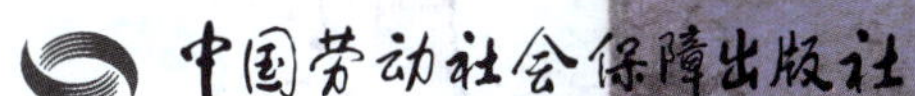

**图书在版编目（CIP）数据**

生活与时尚发型染色 / 徐勇主编．-- 北京：中国劳动社会保障出版社，2021
对接世界技能大赛技术标准创新系列教材　全国中等职业学校美发专业教材
ISBN 978-7-5167-4829-9

Ⅰ．①生…　Ⅱ．①徐…　Ⅲ．①发型－设计－中等专业学校－教材②头发－染色技术－中等专业学校－教材　Ⅳ．① TS974.21 ② TS974.22

中国版本图书馆 CIP 数据核字（2021）第 016337 号

**中国劳动社会保障出版社出版发行**
（北京市惠新东街 1 号　邮政编码：100029）
*
北京市白帆印务有限公司印刷装订　　新华书店经销

787 毫米 ×1092 毫米　16 开本　7.5 印张　119 千字
2021 年 2 月第 1 版　　2026 年 1 月第 6 次印刷
**定价：23.00 元**

营销中心电话：400-606-6496
出版社网址：http://www.class.com.cn
http://jg.class.com.cn

## 对接世界技能大赛技术标准创新系列教材

### 编审委员会

主　任：张立新

副主任：王晓君　张　斌　刘新昌　冯　政

委　员：王　飞　翟　涛　杨　奕　张　雷　张　伟　赵庆鹏

姜华平　杜庚星　王鸿飞

### 美容美发与造型（美发）专业课程改革工作小组

课 改 校：重庆五一技师学院

北京市新媒体技师学院

邢台技师学院

广州白云工商技师学院

技术指导：吉正龙

编　　辑：邓　硕

### 本书编审人员

主　编：徐　勇

副主编：廖亚军　李　乐　胡已雪

参　编：刘天海　赵桂燕　张　雪　李维维

主　审：吉正龙

# 序

世界技能大赛由世界技能组织每两年举办一届，是迄今全球地位最高、规模最大、影响力最广的职业技能竞赛，被誉为“世界技能奥林匹克”。我国于2010年加入世界技能组织，先后参加了五届世界技能大赛，累计取得36金、29银、20铜和58个优胜奖的优异成绩。第46届世界技能大赛将在我国上海举办。2019年9月，习近平总书记对我国选手在第45届世界技能大赛上取得佳绩作出重要指示，并强调，劳动者素质对一个国家、一个民族发展至关重要。技术工人队伍是支撑中国制造、中国创造的重要基础，对推动经济高质量发展具有重要作用。要健全技能人才培养、使用、评价、激励制度，大力发展技工教育，大规模开展职业技能培训，加快培养大批高素质劳动者和技术技能人才。要在全社会弘扬精益求精的工匠精神，激励广大青年走技能成才、技能报国之路。

为充分借鉴世界技能大赛先进理念、技术标准和评价体系，突出“高、精、尖、缺”导向，促进技工教育与世界先进标准接轨，完善我国技能人才培养模式，全面提升技能人才培养质量，人力资源社会保障部于2019年4月启动了世界技能大赛成果转化工作。根据成果转化工作方案，成立了由世界技能大赛中国集训基地、一体化课改学校，以及竞赛项目中国技术指导专家、企业专家、出版集团资深编辑组成的对接世界技能大赛技术标准深化专业课程改革工作小组，按照创新开发新专业、升级改造传统专业、深化一体化专业课程改革三种对接转化原则，以专业培养目标对接职业描述、专业课程对接世界技能标准、课程考核与评价对接评分方案等多种操作模式和路径，同时融入健康与安全、绿色与环保及可持续发展理念，开发与世界技能大赛项目对接的专业人才培养方案、教材及配套教学资源。首批对接 19 个世界技能大赛项目共 12 个专业的成果将于 2020—2021 年陆续出版，主要用于技工院校日常专业教学工作中，充分发挥世界技能大赛成果转化对技工院校技能人才的引领示范作用。在总结经验及调研的基础上选择新的对接项目，陆续启动第二批等世界技能大赛成果转化工作。

希望全国技工院校将对接世界技能大赛技术标准创新系列教材，作为深化专业课程建设、创新人才培养模式、提高人才培养质量的重要抓手，进一步推动教学改革，坚持高端引领，促进内涵发展，提升办学质量，为加快培养高水平的技能人才作出新的更大贡献！

2020 年 11 月

# 简介

在人力资源社会保障部开展的世界技能大赛成果转化工作中，美容美发与造型（美发）专业采用“升级改造传统专业”模式，借鉴一体化课改思路，通过实践专家访谈会列出代表性工作任务，然后对代表性工作任务从职能、任务两方面与企业技术标准、世赛标准以及国家技能人才培养标准进行整合、归类，从中提取出头发的洗护、头发的简单吹风与造型、胡须修剪与造型、生活发式的编织、生活发式修剪、生活烫发、生活与时尚发型染色、商业烫发、时尚接发、头发的复杂吹风与造型、时尚烫发、发型雕刻、商业发型的编盘、商业发型修剪、商业与创意发型染色 15 项典型工作任务，转化为 15 门核心一体化课程，由此将世赛理念、世赛标准从源头融入课程体系中。

本教材为美容美发与造型（美发）专业对接世界技能大赛技术标准创新系列教材之一。教材分模块编写，每一个模块即一个代表性工作任务，根据代表性工作任务，设计了任务描述、任务准备、相关知识、任务实施、任务评价五个栏目，既体现一体化教学六步法，又融入世赛内容（学习任务由世赛项目转化而来，学习目标增加从世赛标准转化过来的目标要求，学习任务的评价方法借鉴世赛评价方法），突出教材以学生为本、为教学服务、与世赛对接的核心。

# 目　录

## 模块五 白发染黑



## 模块六 改变色调的深浅



## 模块七 头发的漂染



## 模块八 静态发型的片染



## 模块九 动态发型的挑染

# 模块一
# 染发基础知识的认识

## 学习目标

认识毛根、毛干结构及头发的生命周期

认识不同发质的特征、特性

了解色彩在美发技术中的应用

能在规定时间内画出毛干结构图

能正确判断头发的自然色度

能叙述色号所代表的色调，并能根据阿拉伯数字对应主色调和副色调

# 任务 1
# 头发与头皮的认识

## 任务描述

张女士来到美发沙龙准备染发，在与美发师沟通交流时，张女士说出了她的困惑，即她的发质细软、发量较少，每次染发后都会严重掉发，而且发色持续时间过短。请你为张女士解答她的困惑。

## 任务准备

1. 查询并熟记毛干结构图、头发生命周期，自学毛根结构知识，能够叙述毛干的三层结构及头发生命周期。

2. 学生分小组，分别讲述自己所收集图片的毛根、毛干结构特点以及头发生命周期，并画出毛干的结构，分析头发褪色的原因。

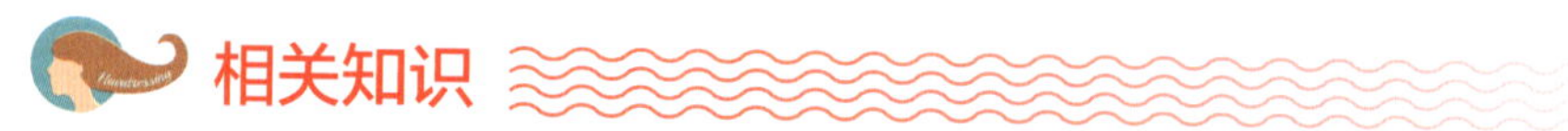

## 相关知识

### 一、头发的结构

头发是皮肤的附属器官，为长圆柱状交织结构，埋在皮肤里面的毛根有生命，露在皮肤外面的毛干无生命。

#### 1. 毛根

毛根及周围组织包括毛囊、皮脂腺、汗腺和立毛肌等（见图 1-1-1）。

（1）毛囊。毛根包裹在毛囊中，毛囊的底部（毛乳突）布满了神经与血管，可以促进细胞活动。每个毛乳突周围都布有生长基质，当新的头发细胞生长时，头发的下方会形成毛球，细胞沿着毛囊向上推进，继续生长，直到以毛囊纤维的形态出现在皮肤表面。

（2）皮脂腺。皮脂腺位于皮肤内，向外伸进毛囊上方 1/3 处。皮脂从皮脂腺分泌到毛囊内并渗入头发及皮肤表面，从而帮助预防皮肤与头发干燥。皮脂腺具有锁水功能，能够帮助头发维持弹性。

（3）汗腺。汗腺是皮肤的附属器官，位于每个毛囊旁边。汗腺分泌的汗液经过汗管排放出去，汗管的末端可从皮肤表面看见，即汗孔。

（4）立毛肌。立毛肌一端连在毛囊上，另一端连在表皮的下方。立毛肌收缩时，会将头发及毛囊拉直。当人体感到震撼、兴奋、寒冷时，立毛肌就会有所反应。

## 2. 毛干

从横截面观察，毛干的结构包括表皮层、皮质层和髓质层（见图 1-1-2）。

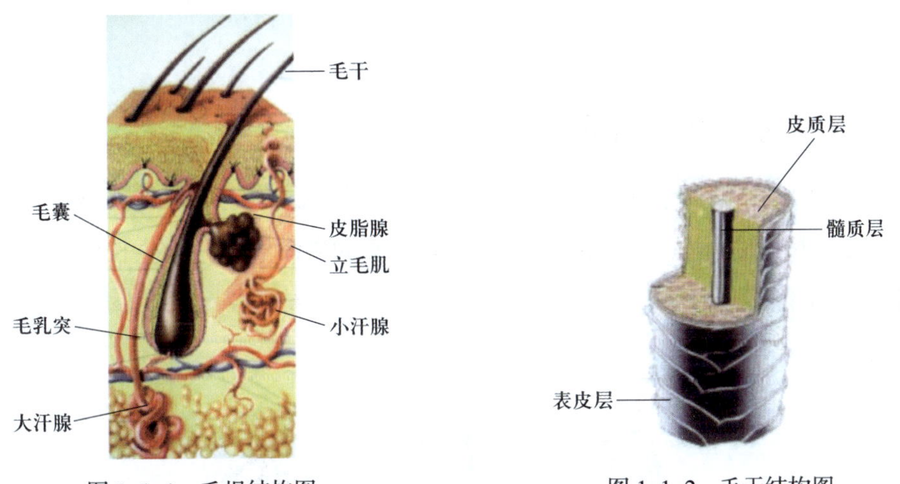


图 1-1-1　毛根结构图

图 1-1-2　毛干结构图

（1）表皮层。表皮层约占头发结构的 15%，它外表具有鱼鳞般的毛鳞片，可以对头发起到保护作用，抵御外界伤害。当遇水或碱性物质时，毛鳞片会张开；遇酸性物质时，毛鳞片会闭合；高强度的物理及化学接触会导致毛鳞片脱落并使头发产生多孔性。染发需要打开毛鳞片使颜色进入到内部完成上色过程。严重受损的发质其毛鳞片或已脱落，失去了保护层，从而更好上色，且上色时间更短。由此可见，颜色的维持时间和上色速度取决于毛鳞片的状态。

（2）皮质层。皮质层约占头发结构的 80%，它由蛋白质组成，呈纤维状，内含氨基酸、蛋白质、麦拉宁色素、微量元素和营养物质等。染发时，大部分染膏会作用在皮质层，通过染膏和双氧的提浅能力提取出头发中的麦拉宁色素，再补充染膏里含有的人工色素，从而染出理想的发色。

麦拉宁色素又称天然色素，由红、黄、蓝三种色素组成，亚洲人的头发含有最多的色素依次为蓝、红、黄，头发颜色越深的人，其头发中包含的天然色素越多；反之，头发颜色越浅的人，其头发中包含的天然色素越少。天然色素越多，染发操作时难度就越大，因为天然色素会干扰人工色素，影响染膏的提浅能力，导致染色效果不佳。

（3）髓质层。髓质层是头发的中心层，约占头发结构的 5%。比较细软的头发没有髓质层。

## 二、头发的生命周期

头发的生长不是连续的，而是周期性循环交替进行的。头发的生长寿命因人的年龄、性别和生活环境的不同而各有差异。头发的生命周期分为生长期、静止期、脱落期三个阶段（见图 1-1-3）。

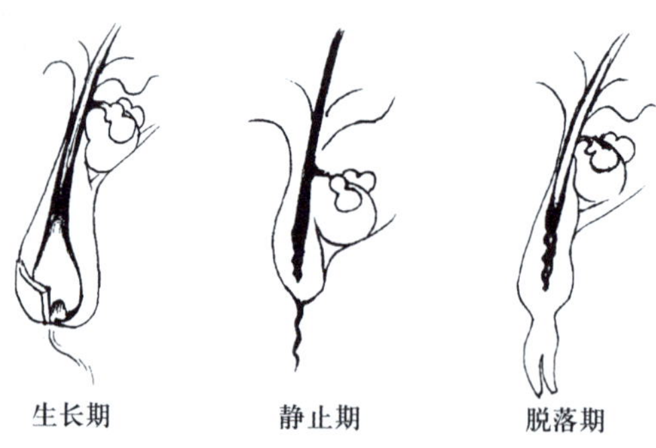


图 1-1-3　头发的生命周期

### 1. 生长期

头发的生长期为 2~6 年，最长可以延续 25 年。头发在生长期时每天生长 0.3~0.4 mm。一般情况下，人体大约有 85% 的头发处于生长期。生长期的头发颜色较深，毛干粗而有光泽。

### 2. 静止期

头发进入静止期后，毛球的细胞停止生长，并发生角化和萎缩，这时的头发较易脱落。静止期的头发细而干燥，色淡无光。正常情况下，头发的静止期约为 4～5 个月。

### 3. 脱落期

处于静止期的头发会陆续脱落，即进入脱落期。正常情况下，人体每天脱发数量为 50～100 根（成年人头发量为 10 万～15 万根）。

## 三、头皮的颜色

头皮的颜色可以反映头皮的健康状况，这也是美发师为顾客服务的依据之一。头皮颜色及对应的头皮状况见表 1-1-1。

表 1-1-1　头皮颜色及对应的头皮状况

| 头皮颜色 | 头皮状况 | 症状 |
|---|---|---|
| 青色 | 健康头皮 | 无 |
| 粉红色 | 开始病变的头皮 | 在这种情况下染发，即使不将染发膏涂到头皮，也会有疼痛的感觉 |
| 白色 | 死亡性头皮 | 脱发 |

## 四、头皮问题及其防治

当头皮出现痒、红肿、脓包、毛囊炎、皮炎、丘疹，或者产生头皮屑、分叉、脱发等症状时，说明头皮的健康出现状况。美发师遇到这种情况只能帮助预防，而不可治疗，应提醒顾客及时去医院治疗。

### 1. 痒

大部分的头皮痒是由细菌造成的。简单的痒，清洗干净即可止痒。严重、持续的痒，美发师应提醒顾客治疗，否则会引发毛囊炎，出现脱发症状。

### 2. 头皮屑

头皮屑是表皮的角质层不断剥落产生的，也是新陈代谢的结果。头皮屑分为真性头皮屑（油性头皮屑）、假性头皮屑（干性头皮屑）及秕糠性头皮屑。另外，头发过度烫染、使用碱性过高的洗发水、内分泌失调、自律神经失调以及饮食失调、过于疲劳等都可能产生头皮屑。

### 3. 红肿、脓包、毛囊炎、皮炎、丘疹

如遇此类状况，美发师一定要告知顾客并提醒顾客及时治疗。

### 4. 头发分叉

头发分叉（见图 1-1-4）是顾客经常遇到的问题。缺乏油脂水分、过度烫染、吹风过度、洗发水选择不当等都可能造成头发分叉。将分叉的部位剪掉，再使用温和的洗发水和高营养的护发品，并做好烫前染后的护理，可以有效避免头发分叉。

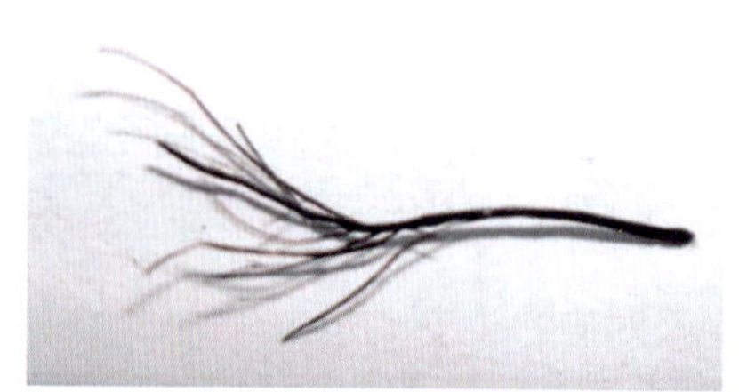

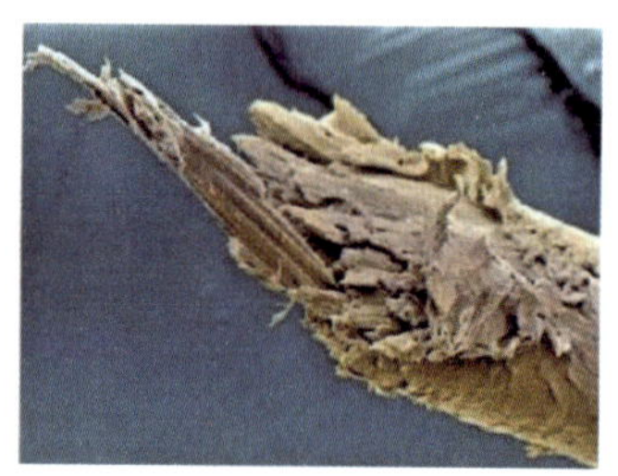

图 1-1-4　头发分叉

### 5. 脱发

由于新陈代谢，健康的人每天掉落 50~100 根头发属于正常生理现象，但脱落过多，则属于病理现象。脱发的种类和产生的原因多种多样，具体见表 1-1-2。

表 1-1-2　脱发的种类和产生的原因

| 脱发的种类 | 图示 | 产生的原因 |
| --- | --- | --- |
| 圆形脱发<br>（斑秃、鬼剃头） |  | 缺少某种微量元素 |
| 地中海脱发<br>（谢顶） |  | 头顶毛囊的毛孔堵塞，导致毛囊受损，最终闭合 |

续表

| 脱发的种类 | 图示 | 产生的原因 |
| --- | --- | --- |
| 遗传性脱发 | | 遗传 |
| 老年性脱发 | | 身体机能老化，毛囊萎缩 |
| 脂溢性脱发 | | 油脂分泌旺盛，与空气中的污垢、细菌混合在一起后堵塞毛孔，使毛囊坏死 |

另外，头发过度烫染、用脑过度、化疗、分娩、饮食不当、内分泌失调、缺少维生素 $B_6$ 等也会引起脱发。

预防和治疗脱发一定要先找出病因，再针对性实施防治措施（遗传性脱发除外）。防治措施一般包括对头部进行按摩，暂时不进行烫发和染发；注意合理的营养，多吃碘、钙、蛋白质及维生素含量高的食物，少吃刺激性的食物；保持充足睡眠；选用适宜的洗发、护发用品等。

## 五、头发的物理特性和化学特性

### 1. 头发的物理特性

头发本身含有一定水分，同时也能够吸收空气中的水分。水分能使头发润滑并容易拉伸与弹回，而干发或不健康的头发则会因缺水而缺乏弹性。长时间吹发或超高温吹发会去除头发内的水分，导致头发受损。受损头发较健康头发更为多孔，且容易流失水分，因此受损头发较难塑型。头发在卷曲后一旦吸收水分则会恢复原形，因此空气越干燥，头发的卷曲就越持久。

### 2. 头发的化学特性

头发细胞由许多角蛋白的蛋白质分子组成，形状为丝瓜筋状。纤维状的角蛋白颗粒呈规律性排列，当受到外部化学药品的作用时，纤维状的角蛋白颗粒会重新排列，头发就会变形。因此，头发具有可塑性。

## 任务实施

根据张女士提出的每次染发后严重掉发，而且发色持续时间过短的困惑，为她分析如下几点原因：

1. 发色与发质、底色有着密切的关系，发质受损情况、洗发时间等会影响发色的持久性。

2. 掉发的原因较多，遗传、年龄、睡眠、环境等都会导致脱发，而周期性的掉发则属于正常情况。

## 任务评价

小组任务评价表

| 评价内容 | | 分数 | 自评 | 他评 | 教师点评 |
|---|---|---|---|---|---|
| 1 | 能画出毛根、毛干结构图 | 10 | | | |
| 2 | 能表述头发的生命周期 | 10 | | | |
| 3 | 能阐述不同头发褪色的原因 | 10 | | | |
| 综合评价 | | | | | |

# 任务 2
# 发质的认识

## 任务描述

琪琪来到美发沙龙，想让美发师帮忙看看如何解决她头发爱出油的问题。经过沟通，美发师发现琪琪平时经常熬夜，爱吃油炸食品，且很少护理头发。如果你是美发师，根据琪琪头发出现的问题，你会如何判断并确定琪琪的发质？

## 任务准备

1. 自主学习不同发质的特征、特性。
2. 根据不同发质状况，思考正确的护理方法。

## 相关知识

### 一、健康发质的标准

1. 色泽统一，中国人传统以头发黑亮为发质健康的标准。

2. 不打结，发梢不开叉，柔顺自然，易于梳理。

3. 疏密适中，软硬适中，粗细均匀。

4. 油脂适中、不油腻，无头屑、头垢，手感润滑、不毛糙，不易断裂。

5. 五指紧贴头皮插入，五指并拢夹住发丝向发梢部拉，一次脱落头发不超过两根。

## 二、发质的分类

不同的发质具有不同的特点，相应的护理方法也有所区别。发质种类、特点、形成原因及护理建议见表1-2-1。

表1-2-1　发质种类、特点、形成原因及护理建议

| 发质种类 | 特点 | 形成原因 | 护理建议 |
| --- | --- | --- | --- |
| 油性发质 | 油脂分泌过多，头发油腻，易产生静电，易吸尘；容易产生头皮屑，需要经常清洁<br>容易产生脂溢性皮炎等头皮炎症 | 皮脂腺分泌过多的天然油脂<br>护理不当，不经常清洗头发<br>受遗传因素及精神压力、性激素影响 | 用性质温和或清爽型的洗发水，并经常清洗头发，保持头皮干净、清爽<br>由于头皮已能分泌足够的油脂，护发产品宜涂在发干或发梢上 |
| 干性发质 | 油脂分泌很少，头发缺水，无光泽、干燥，并且容易断裂<br>头发蓬松、缠绕，在浸湿的情况下难于梳理<br>通常头发根部较稠密，但至发梢则变得稀薄，发梢易分叉<br>头发弹性较差，伸展长度往往小于25% | 缺乏油脂或头发水分丧失<br>长时间缺乏护理和化学品残留所致<br>受精神压力、内分泌变化及饮食失衡等因素影响 | 宜用滋润型洗发水清洁头发<br>洗发次数建议隔一天一次<br>经常喷营养水或润发露，补充头发水分和养分<br>为防止头发水分流失，应尽量避免使用电吹风、卷发器等<br>使用护发素或营养型焗油膏，为头发补充营养<br>饮食方面应多吃新鲜蔬果及蛋白质丰富的食物 |
| 中性发质 | 头发不油腻、不干燥，油脂分泌适中<br>柔软顺滑，梳理后可保持原来的发型 | | 梳头时尽量用木梳；打结时，不要生硬拉扯头发<br>避免人为破坏，如染、烫等<br>经常喷洒营养水及涂抹免洗型润发露，进行日常性的护理 |
| 混合性发质 | 头发根部（靠近头皮1 cm左右）比较油腻，而发梢部分干燥，甚至分叉 | 缺乏护理或护理不当<br>受精神压力、内分泌变化及饮食失衡等因素影响<br>本为油性发质，后受拉、烫、染等人为因素影响 | 注意洗护分开 |
| 受损发质 | 头发手感粗糙，发尾分叉、松散，不易梳理 | 拉、烫、染等操作不当引起发质受损 | 针对性护理 |

## 任务实施

根据琪琪头发油脂分泌过多、头发油腻的特点，结合琪琪的生活习惯，可以判断琪琪的发质为油性发质，主要是由饮食、护理不当引起的。

## 任务评价

小组任务评价表

| 评价内容 | | 分数 | 自评 | 他评 | 教师点评 |
|---|---|---|---|---|---|
| 1 | 能描述不同发质的特点 | 15 | | | |
| 2 | 能针对不同发质给出相应的护理建议 | 15 | | | |
| 综合评价 | | | | | |

# 任务 3
# 色彩的认识

## 任务描述

对于生活中的万事万物，色彩都起着非常重要的作用，而头发的色彩可以帮助修饰人们的肤色，让厚重的头发显得轻柔，也可以让人看起来更时尚等。小杰作为美发师助理，在为顾客染发之前，应了解色彩与发色之间的关系。请你帮助小杰学习色彩的相关知识。

## 任务准备

1. 自主学习色彩的产生与分类，收集不同色彩在生活情境中的运用案例。

2. 认识三原色、三间色、邻近色、互补色、同类色、冷暖色等，并通过色彩测试，能快速叙述三间色、邻近色、互补色和冷暖色。

3. 认识色相环，了解色彩在美发技术中的应用。

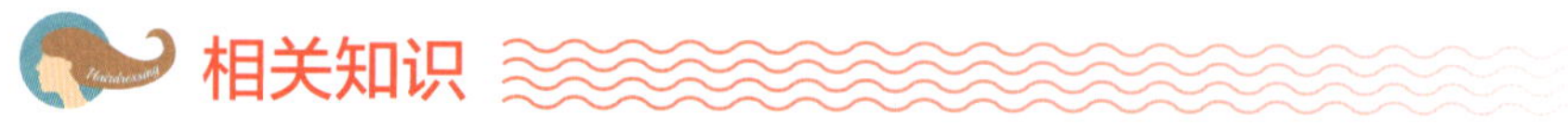

## 相关知识

### 一、色彩的产生

色彩从根本上说是光的一种表现形式。不同波长的光可以引起人眼不同的色彩感觉。因此，不同的光源便有不同的颜色，而受光体则根据对光的吸收和反射能力的不同呈现千差万别的颜色（见图 1-3-1）。

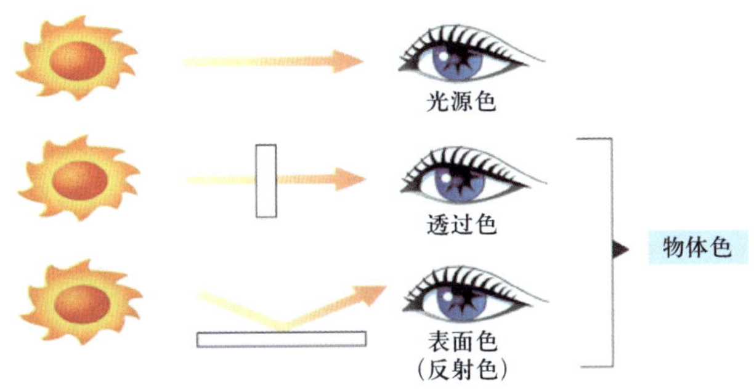


图 1-3-1　光源色与物体色

## 二、色彩的分类

色彩有无彩色和有彩色之分。黑色、白色以及由黑白混合而成的深浅不同的灰色，统称为无彩色。以红、橙、黄、绿、青、蓝、紫为基本色，按不同比例混合产生出的千千万万种色彩，统称为有彩色（见图 1-3-2）。

图 1-3-2　无彩色和有彩色

## 三、色彩三属性

专业上使用色相、明度、纯度三个属性来描述色彩，它们是色彩的基本构成要素。

### 1. 色相

色相是指色彩的相貌，它是色彩的最大特征。我们所说的红色、绿色指的就是色相。红、橙、黄、绿、蓝、紫构成了色彩体系中最基本的色相（见图 1-3-3）。其中，三种不能合成的颜色红、黄、蓝称为三原色；由三原色中的两个原色调配出来的橙、绿、紫称为三间色；任意两种间色相混合出来的红橙、黄橙、黄绿、蓝绿、蓝紫、红紫等颜色称为复色。它们之间的变化关系可用色相环的形式表现出来（见图 1-3-4）。

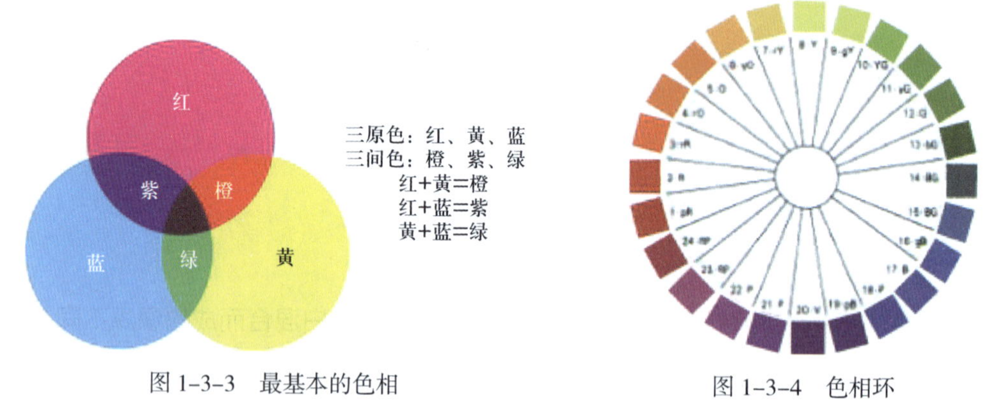


图 1-3-3　最基本的色相

图 1-3-4　色相环

## 2. 明度

明度是指色彩的明暗程度。在无彩色中，明度最高的颜色是白色，明度最低的颜色是黑色，在白色和黑色之间存在一系列的灰色，很明显地呈现出不同的明度变化（见图 1-3-5）。

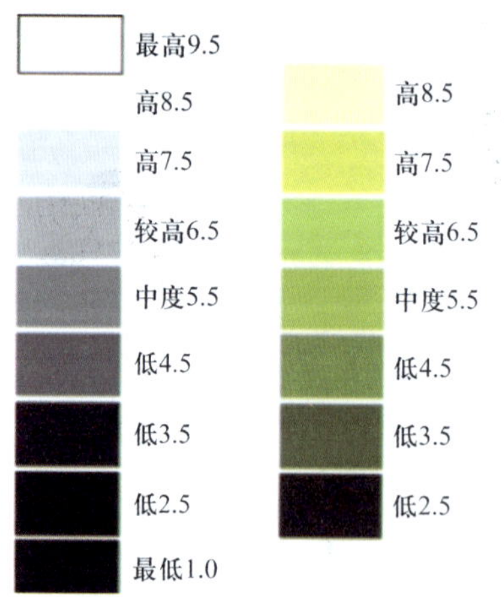


图 1-3-5　明度的变化

在有彩色中，黄色的明度最高，紫色的明度最低，红色的明度中等，这是因为各个色相在可见光谱上振幅不同，眼睛对它们的知觉程度也不同。

任何一种有彩色掺入白色，明度会提高；掺入黑色，明度会降低；掺入灰色时，依灰色的明暗程度而呈现相应的明度。

### 3. 纯度

纯度又称为饱和度，是指色彩的鲜艳程度，它取决于可见光波长的单一程度。正是因为有了纯度变化，才使色彩显得极其丰富。

如果一种高纯度的色彩中加入无彩色黑、白、灰进行调和，它便不再鲜艳（见图 1-3-6）。

当纯色加入黑色时，会使纯色明度降低、色素堆积、颜色较暗；当纯色加入白色时，会使纯色明度提高、纯度降低、色素减少；当纯色加入灰色时，会使纯色呈现浑浊无光的效果。

在色彩的三要素中，纯度与明度有着密切的关系。色彩纯度越高，代表色素越多、通透感越差、明度越低；反之色彩纯度越低，代表色素越少、通透感越强、明度越高。当我们需要使颜色的明度发生改变时，加入无彩色是很好的方法。

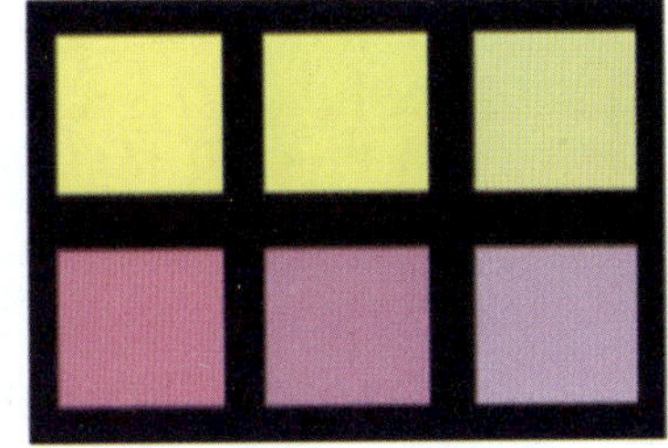

图 1-3-6　纯度的变化

## 四、色彩在美发技术中的应用

### 1. 头发颜色的搭配

在美发技术中，色彩的运用既可以是单色，也可以是多色。采用多色设计发型时，要分清色彩的主次关系，注意色彩的搭配。常见颜色的搭配包括互补色搭配、邻近色搭配和同类色搭配，具体见表 1-3-1。

表 1-3-1　常见颜色的搭配

| 类型 | 特点 | 效果 | 在色相环上举例 | 图示 |
| --- | --- | --- | --- | --- |
| 互补色搭配 | 色相距离 180° 左右 | 具有强烈的跳动感，视觉对比极为强烈；可以进行改变对比面积的大小、改变明度、改变纯度、减弱对比等应用；此搭配常用于大胆、新潮的发型 | | |

续表

| 类型 | 特点 | 效果 | 在色相环上举例 | 图示 |
|---|---|---|---|---|
| 邻近色搭配 | 色相距离60°以内 | 没有强烈的视觉对比，给人以协调的感受 | | |
| 同类色搭配 | 同一色相中的不同颜色 | 同类色比邻近色更接近，看上去色彩搭配更柔和、自然 | | |

## 2. 发色与整体造型的搭配

（1）发色与肤色的搭配。好的发色可以衬托和弥补肤色，给人协调的整体美感。白净的皮肤适合任何发色，黄色的皮肤应该选择较深的发色，稍黑的皮肤可选择偏红的发色，如图1-3-7所示。

白净皮肤搭配任何颜色的头发

黄色皮肤搭配较深颜色的头发

稍黑皮肤搭配偏红颜色的头发

图1-3-7　发色与肤色的搭配

（2）发色与服饰的搭配。发色与服饰的搭配也很重要。例如，深褐色、黑色的头发搭配严谨保守的职业装会相得益彰，葡萄紫色、浅金棕色的头发搭配晚礼服更能衬托女性的高贵气质，红色、铜金色的头发搭配一些妩媚风格的服饰则能体现女性热情柔美的一面，如图 1-3-8 所示。

深色头发搭配职业装

浅金棕色头发搭配晚礼服

红色头发搭配妩媚风格服饰

图 1-3-8　发色与服饰的搭配

## 任务实施

1. 讲述色彩的类别和运用

通过课前的自主学习，小组派代表简述色彩的类别和不同色彩在生活情境中的运用案例。

2. 分析色彩属性

小组派代表指出色相环中的三原色、三间色和复色，并描述它们之间的变化关系。

3. 运用色彩的搭配

了解色彩在美发技术中的应用，针对常用的色彩搭配（互补色搭配、邻近色搭配、同类色搭配）各举出一例。

## 任务评价

小组任务评价表

| 评价内容 | | 分数 | 自评 | 他评 | 教师点评 |
|---|---|---|---|---|---|
| 1 | 能准确叙述色彩类别与不同色彩在生活情境中的运用 | 10 | | | |
| 2 | 能简述色相环颜色之间的关系 | 10 | | | |
| 3 | 能快速叙述互补色、邻近色、同类色的搭配特点 | 10 | | | |
| 综合评价 | | | | | |

# 任务 4
# 国际色号代码的认识

## 任务描述

美发师准备给张女士的头发染成鲜艳的紫红色，让助理小杰去领取染膏，小杰来到染发产品架前，看到染膏上没有中文，全是阿拉伯数字，他不知应该选取哪一支。请你帮助小杰选出正确的染膏。

## 任务准备

1. 收集国际染发品牌，自主学习染膏色号，能说出至少一种品牌色号代表的色调。

2. 收集5种以上不同自然色的发型图片，自主学习自然色色度分类，并能说出自然发色的色度。

3. 小组合作进行角色扮演，通过查询色板，为顾客选择所需的色号。

## 相关知识

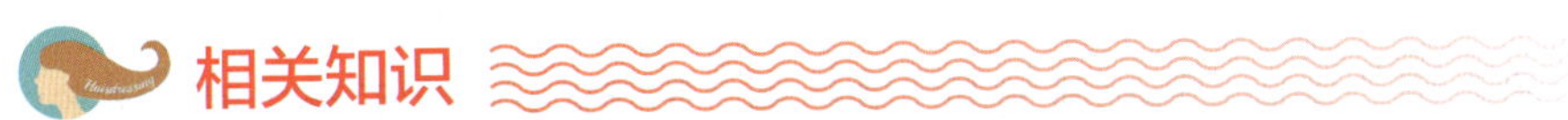

### 一、国际色号代码系统

为了方便染发剂的识别和操作，国际上一般使用一组数字代表染膏信息，这组数字统称为国际色号代码系统（每个品牌的染发剂都有自己的国际代码系统，不同品牌的国际代码会有所不同）。其中，第一个数字代表色度，“/”“.”“_”代表分隔符，分隔符后第一个数字代表主色调，第二个数字代表副色调。

## 二、色度

色度在漂染中用来描述头发颜色的深浅度，天然的不同深浅度的发色可分为10个色度（见表1-4-1）。色度的数字是按照从小到大的顺序排列的：数字越小，颜色越深；数字越大，颜色越浅。每两个数字中间相差一位数，称为相差一度，以此类推。顾客染发之前，美发师必须准确判断顾客发色，在此基础上，方可准确无误地进行染膏调配。

表1-4-1　自然色色度分类

| 色度 | 1度自然色 | 2度自然色 | 3度自然色 | 4度自然色 | 5度自然色 |
|---|---|---|---|---|---|
| 色度名称 | 黑色 | 十分深棕色 | 深棕色 | 棕色 | 浅棕色 |
| 头发色样 | | | | | |
| 色度 | 6度自然色 | 7度自然色 | 8度自然色 | 9度自然色 | 10度自然色 |
| 色度名称 | 深金色 | 金色 | 浅金色 | 十分浅金色 | 最浅金色 |
| 头发色样 | | | | | |

举例一：染膏色号代码5.0，小数点前面的数称为色度，5表示颜色的色度是5度浅棕色。

举例二：染膏色号代码7.42，7表示颜色的色度是7度金色。

## 三、色调

色调在漂染中用来描述头发颜色的色相，国际色号代码系统中通常用数字或者字母表示色调，不同品牌的染膏色调代码不尽相同（见表1-4-2）。

表1-4-2　欧莱雅品牌系列染膏色调代码

| 色调数字代码 | 0 | 1 | 2 | 3 | 4 | 5 | 6 | 7 |
|---|---|---|---|---|---|---|---|---|
| 色调名称 | 自然色 | 蓝（灰）色 | 紫色 | 黄色 | 橙色 | 枣红色 | 红色 | 绿色 |

专业染发中，学会并记住色调，可以了解颜色的组成，并运用颜色的原理进行染膏调配。

举例一：染膏色号代码 5.3，小数点后面的数称为色调，3 表示颜色的色调是黄色。

举例二：染膏色号代码 7.35，小数点后面有两位数的分别称为主色调和副色调，3 表示颜色的主色调是黄色，5 表示颜色的副色调是枣红色，这个颜色是一个双色调。

举例三：染膏色号代码 7.05，小数点后面的 0 代表前面一位数已经很饱和，没有主色调。

举例四：染膏色号代码 7.40，小数点后面的 0 代表前面的橙色已经很饱和，不需要加入其他的色素。

## 四、色板

色板是美发师思考颜色设计的辅助工具（见图 1-4-1），也可以在顾客挑选颜色时使用。不同品牌的色板中色调代码代表的颜色各不相同，但是色度却都是一致的。

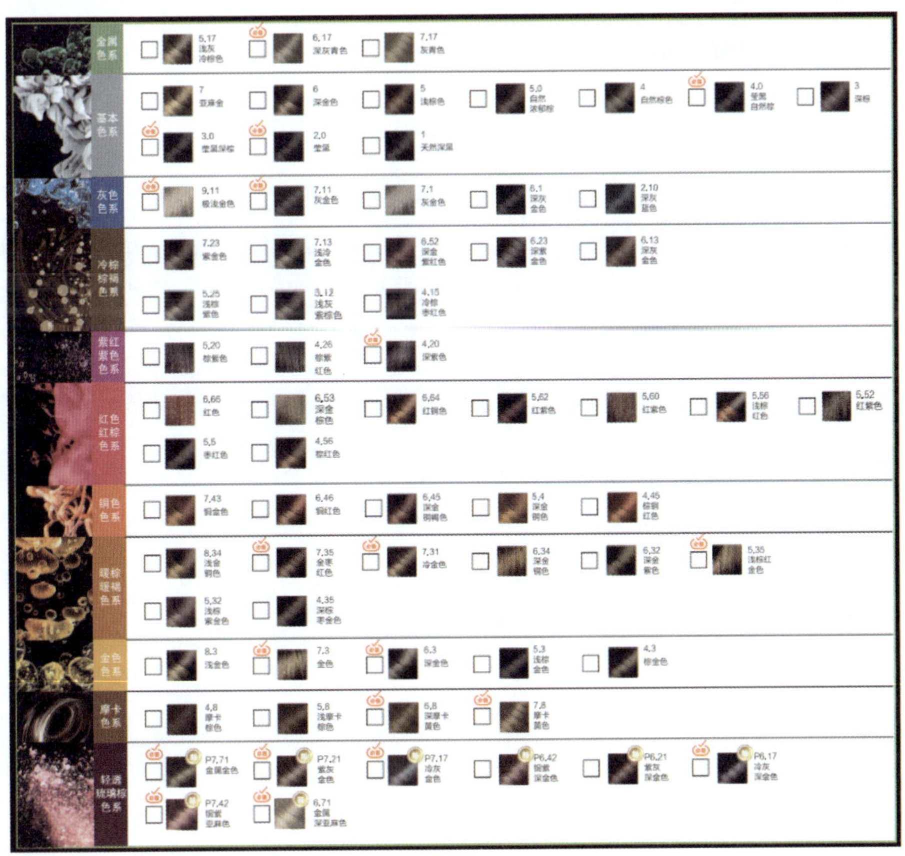

图 1-4-1　欧莱雅伊诺雅色板

## 任务实施

根据张女士的愿望为鲜艳的紫红色，考虑选择7度的色度，因此应选择色号代码7.26的染膏。小数点后面的2表示主色调为紫色，6表示副色调为红色，这个颜色为双色调，即7度的紫红色。

## 任务评价

小组任务评价表

| 评价内容 | | 分数 | 自评 | 他评 | 教师点评 |
|---|---|---|---|---|---|
| 1 | 能自主学习国际染发品牌色号，能至少说出一种品牌色号代码代表的色调 | 10 | | | |
| 2 | 能根据色号在主、副色调上的位置判断颜色的鲜艳程度 | 10 | | | |
| 3 | 能正确为顾客选择所需的色号 | 10 | | | |
| 综合评价 | | | | | |

# 模块二

# 染发产品、工具的认识及使用

## 学习目标

认识染发防护措施与工具

认识暂时性染膏、半永久性染膏、氧化半永久性染膏、氧化永久性染膏的特性

熟悉调彩色与目标色的运用，能根据色号表述出染膏的颜色，并能根据顾客的需求选择合适的目标色进行简单调色

识记 3%、6%、9%、12% 双氧浓度的作用，并能根据顾客头发的实际情况，进行染膏和双氧的选择

认识漂粉和 0/00 的特性，并能正确调配漂粉和 0/00

# 任务1
# 染发防护措施与工具的认识

## 任务描述

美发沙龙来了一位女士，她想要改变自己的发色，美发师安排助理阿华做好染发准备工作，助理阿华该从哪里入手准备工具呢？

## 任务准备

1. 自主学习染发防护措施与工具。
2. 到美发沙龙实际观察染发防护措施与工具的准备工作。

## 相关知识

### 一、染色工具

染色工具即美发师在进行头发染色时所用到的工具，主要包括调色碗、染发刷、发夹、尖尾梳、锡纸等，具体见表2-1-1。

表2-1-1 染色工具说明

| 工具名称 | 工具说明 | 图示 |
| --- | --- | --- |
| 调色碗 | 由透明或半透明塑料制成的标有刻度的小碗，用以调配、盛装染发剂 | |

续表

| 工具名称 | 工具说明 | 图示 |
| --- | --- | --- |
| 染发刷 | 用于涂抹染发剂的软刷，分为带齿和不带齿两种。其中不带齿的适合初学者使用，以训练涂刷染发剂的手法与力度；带齿的适合熟练者使用，以加快染发操作速度 | |
| 发夹 | 用于夹住不需要染色的头发<br>材质是塑料而不是金属 | |
| 尖尾梳 | 可以用于染发前的分区<br>材质是塑料而不是金属 | |
| 锡纸 | 用于包住涂抹不同颜色染发剂后的头发，防止颜色混杂<br>多用于挑染及多段色染发 | |

## 二、防护工具

防护工具即用来保护顾客及美发师皮肤和衣服，防止染发剂滴落或溅落的工具。根据保护对象的不同，防护工具可以分为两类，具体见表 2-1-2。

表 2-1-2　防护工具说明

| 保护对象 | 工具名称 | 工具说明 | 图示 |
|---|---|---|---|
| 顾客 | 染发毛巾 | 用于围在顾客肩部，防止染发剂沾染顾客的皮肤或衣服<br>染发毛巾颜色多为深色 | |
| | 染发围布 | 用于围在顾客身上，防止染发剂沾染在顾客的衣服上<br>染发围布上涂有一层塑胶，能够透气、防水<br>染发围布颜色多为深色 | |
| | 防水披肩 | 用于围在染发围布外侧，防止染发剂浸透染发围布沾染在顾客衣服上<br>防水披肩的材质多为塑料 | |
| | 护耳套 | 用于戴在顾客耳朵上，防止染发剂滴落而损伤顾客耳部皮肤<br>护耳套常见的材质有塑料和胶质两种 | |
| 美发师 | 染发手套 | 用于保护美发师的手部，防止手部沾染染发剂<br>染发手套有一次性手套和多次性手套两种，其材质包括塑料和胶质两种 | |
| | 染发工作服 | 用于保护美发师的衣服，防止染发剂溅落在美发师衣服上<br>染发工作服具有防水的功能，可以有效防止溅落的染发剂渗透 | |

## 三、辅助工具

染发过程中的辅助工具主要包括电子秤、计时器、加热器及染发工具车等，具体见表 2-1-3。

表 2-1-3　辅助工具说明

| 工具名称 | 工具说明 | 图示 |
| --- | --- | --- |
| 电子秤 | 用于称量染膏的质量，以配制染发剂 | |
| 计时器 | 用于记录、控制染发剂在头发上停留的时间 | |
| 加热器 | 用于加热头发，加快染发速度 | |
| 染发工具车 | 用于盛装染发工具及相关产品、工具材质是塑料而不是金属 | |

### 任务实施

分别准备好染色工具、防护工具和辅助工具。染色工具主要包括调色碗、染发刷、发夹、尖尾梳、锡纸等；防护工具主要包括染发毛巾、染发围布、防水披肩、护耳套、染发手套、染发工作服等；辅助工具主要包括电子秤、计时器、加热器、染发工具车等。

## 任务评价

小组任务评价表

| 评价内容 | | 分数 | 自评 | 他评 | 教师点评 |
|---|---|---|---|---|---|
| 1 | 能自主学习染发防护措施与工具的使用 | 15 | | | |
| 2 | 能按照职业规范营造并维护染发工作区域 | 15 | | | |
| 综合评价 | | | | | |

# 任务 2
# 染膏特性与头发关系的运用

## 任务描述

助理小杰在给顾客洗头发时与其交流得知，顾客想要将头发染成特别鲜艳的橙色，同时了解到顾客从未染过头发，小杰应该为顾客选择哪种特性的染膏？

## 任务准备

1. 调查身边的亲戚、朋友染发后持续时间长短。
2. 自主学习暂时性染膏、半永久性染膏、氧化半永久性染膏、氧化永久性染膏的原理。

## 相关知识

染膏种类不同，对于着色状态会产生不同的效果。一般来说，按照产品的性能，染膏可分为 4 种，分别是暂时性染膏、半永久性染膏、氧化半永久性染膏和氧化永久性染膏，它们的特性见表 2-2-1。

表 2-2-1　染膏特性

| 种类 | 氨（阿莫尼亚）含量 | 是否添加双氧使用 | 光泽度 | 持久性 | 特性 |
|---|---|---|---|---|---|
| 暂时性染膏（无机颜料、油溶性染料、有色发泥、彩喷） | 无 | 否 | 附着在头发表皮层，无光泽 | 维持到下次洗头 | 不破坏毛鳞片，不提取麦拉宁天然色素改变颜色 |

续表

| 种类 | 氨（阿莫尼亚）含量 | 是否添加双氧使用 | 光泽度 | 持久性 | 特性 |
|---|---|---|---|---|---|
| 半永久性染膏（酸性染膏） | 无 | 否 | 色素停留在毛鳞片表面，并利用本身酸性填补毛鳞片空隙，闭合毛鳞片，具有光泽度 | 一个月至两个月 | 在健康黑发上不显色，只有在受损且底色在5度以上的头发上才显色 |
| 氧化半永久性染膏 | 有 | 是 | 少量色素进入皮质层，具有光泽度 | 两个月至三个月 | 色素量少，多半用于极色，颜色保持时间短 |
| 氧化永久性染膏 | 有 | 是 | 大量色素进入皮质层，具有光泽度 | 三个月以上颜色不会有太大变化 | 色素量多，碱性高，颜色稳定，不易褪色 |

## 任务实施

根据顾客的需求，应选择氧化永久性染膏。

## 任务评价

小组任务评价表

| 评价内容 | | 分数 | 自评 | 他评 | 教师点评 |
|---|---|---|---|---|---|
| 1 | 能说出至少2种以上的染膏类别 | 10 | | | |
| 2 | 能叙述染膏的4种特性及运用方法 | 10 | | | |
| 3 | 能根据顾客的要求正确选择和使用染膏 | 10 | | | |
| 综合评价 | | | | | |

# 任务 3
# 目标色调与发色的运用

## 任务描述

王女士来到美发沙龙，与美发师沟通，想将自己的头发染成巧克力色。经过分析，王女士头发的天然色度为深棕色，助理小杰选了色号为7.35的染膏给美发师。你认为染出来的颜色能让王女士满意吗?

## 任务准备

1. 收集日常生活中常用染发颜色俗语，如金铜色、摩卡色等至少5种颜色，自主查询这5种颜色对应的欧莱雅品牌染膏的色号。

2. 准确分析头模头发的天然色度，根据实际情况选择合适的目标色。

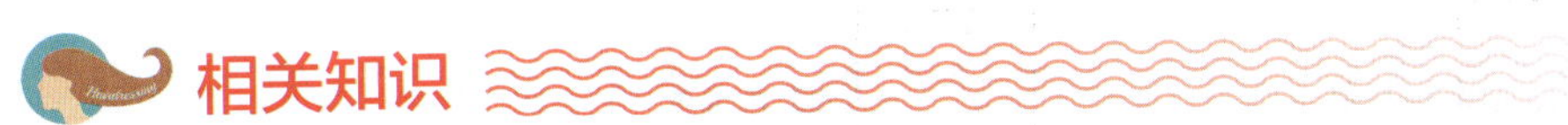

## 相关知识

### 一、调彩色

调彩色也称为工具色，大部分美发师在配色时，经常会出现目标色的偏差，因此，为了能够提高色素的含量和色彩的饱和度，会添加调彩色到使用的染膏中。一般色号以0开头的染膏都称为调彩，通过需要调彩色素的量来选用带有色度的染膏作为调彩使用。每种品牌调彩所含有的色素量不同，所添加的比例也随之调整，在使用调彩前必须充分了解调彩的特性，才能利用调彩做好颜色。调彩的色素往往偏多，稍控制不好可能就会导致偏差，如果需要少量的色素作为调彩使用，可依据色度与色调的关系来选用。如果需要少量的色素时，可以添加7度或7度以上的染膏作为调彩使用；如果需要大量的色素时，可以添加 6 度或 6 度以下的染膏作为调彩使用。

## 二、目标色

目标色是指想要染的颜色。一般情况下，由于发质、染发产品及操作流程的选择不同，染后的效果也有所区别。美发师在操作不同的颜色时，应根据发质的上色能力来选择相应的染发剂，不同类型的染发剂以及双氧乳对头发的伤害程度决定头发的掉色速度。

## 三、色系的运用

在实际染发操作中，头发残留的底色及其他不确定因素会对染膏原有颜色产生影响。每种染膏都有两种或两种以上的功能，在调配时，染膏会同时发挥其本身所有的功能，美发师在做调配之前一定要牢记每种颜色包含的用法（见图 2-3-1），根据三原色原理使用染膏。

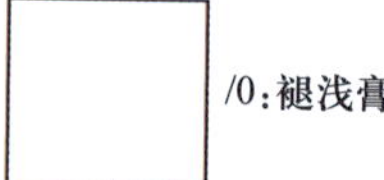

/0:褪浅膏

A. 提浅天然色素
B. 淡化人工色素

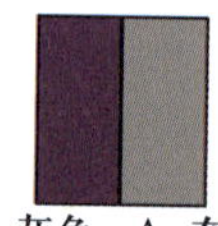

/1:蓝灰色

灰色：A. 在冷色上显色，在暖色上不显色　B. 使颜色增加亚光感，颜色偏浊　C. 高色度的灰色具有提浅天然色素、淡化人工色素的功能
蓝色：A. 补充紫色　B. 对冲橙色　C. 增强冷色调　D. 覆盖颜色　E. 压暗颜色　F. 盖白发　G. 处理冷色，爆顶黄发

/2:紫色

A. 对冲黄色　B. 压深颜色　C. 覆盖颜色　D. 低色度的紫色具有覆盖白发的功能

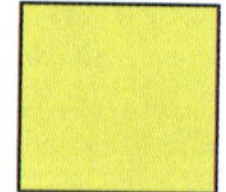

/3:黄色

A. 高色度的黄色具有提浅天然色素、淡化人工色素的作用
B. 增加暖色调

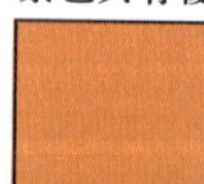

/4:橙色

A. 补充橘色调
B. 在橘色里加入灰色时，灰色在暖色上不显色

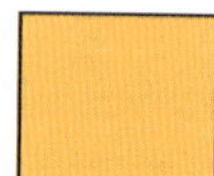

/43:橙黄色

A. 补充橘黄色调

/5：枣红（红棕色）

A. 覆盖颜色
B. 压深颜色
C. 增加暖色调

/6:红色

A. 补充红色调，加强目标发色

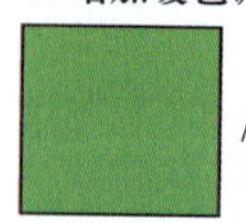

/7：绿

A. 对冲红色
B. 增加冷色调

图 2-3-1　不同颜色的用法

## 任务实施

王女士头发的天然色度为 3 度的深棕色，目标色为 7.35，色调为黄色里面加入了少量的枣红色，当它们混合时会比较接近巧克力色，能满足王女士的发色要求。为使效果更加理想，也可以根据顾客的愿望加入少量的调彩。

## 任务评价

小组任务评价表

| 评价内容 | | 分数 | 自评 | 他评 | 教师点评 |
|---|---|---|---|---|---|
| 1 | 能根据日常生活中染发颜色俗语选择正确的色号 | 10 | | | |
| 2 | 能运用工具色简单调色 | 10 | | | |
| 3 | 能根据顾客的需求选择合适的色号进行调色 | 10 | | | |
| 综合评价 | | | | | |

# 任务 4 双氧的运用

## 任务描述

陈女士来到美发沙龙，想将自己的头发染成冷棕色。助理小杰分析，陈女士头发的天然色度为浅棕色、发长为 8 cm、发量适中，于是他选了色号为 7.07 的染膏，接下来应该对应选择多少度的双氧？

## 任务准备

1. 自主学习常用双氧的度数，能够至少说出 4 种常用双氧的度数。
2. 识记 3%、6%、9%、12% 双氧浓度的作用。

## 相关知识

### 一、双氧的作用

双氧的化学名称为 $H_2O_2$，中文化学名称为过氧化氢，水溶液名称为双氧水。

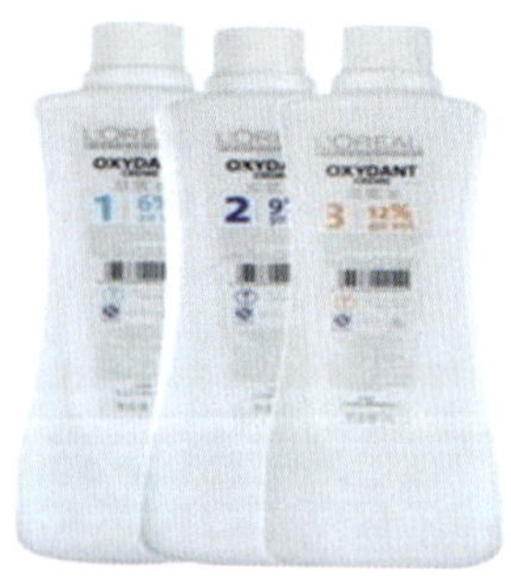

图 2-4-1 双氧

双氧在不同的情况下具有氧化的作用，可用作氧化剂、漂白剂、消毒剂和脱氯剂（见图 2-4-1）。

双氧为酸性物质，单独作用在头发上只能松散毛鳞片，不能打开毛鳞片和褪浅天然色素。它主要配合染发产品来使用，配合染膏通过氧化反应来打开毛鳞片，完成取色与上色过程。

## 二、染膏与双氧的使用

在染发中，双氧的作用是使原有发色变浅及使目标色着色，而双氧作用的发挥与其浓度密切相关。因此，在确定染膏后，美发师还需根据目标色和头发的底色调配方案，选择合适浓度的双氧。在染发中常见的双氧浓度为 3%、6%、9%、12% 4 种，其使用说明见表 2-4-1。

表 2-4-1　双氧与染膏混合后对头发的作用

| 双氧的浓度 | 与染膏混合的作用 |
|---|---|
| 3%（10 Vol） | 只能直接和染膏调和上色，如还原基色或浅染深，不能染浅头发 |
| 6%（20 Vol） | 盖白发、同度染、染深、染浅 1 度（粗发）、染浅 2 度（幼发） |
| 9%（30 Vol） | 染浅 2 度（粗发）或染浅 3 度（幼发） |
| 12%（40 Vol） | 染浅 3 度（粗发）或染浅 4 度（幼发） |

一般情况下，染膏与双氧混合的比例为 1 : 1，此时色调饱和、颜色纯正，但当染发要求特殊或染膏配方特殊时，染膏与双氧的混合比例可以进行适度调整。例如，欧莱雅品牌染膏与双氧的比例既有 1 : 1.5 也有 1 : 1.2，需根据实际情况进行调配。

## 任务实施

1. 确定目标色

根据陈女士喜欢冷棕色的要求，向她推荐 1 ~ 3 个冷色色号，最终确立目标色为 7.07。

2. 判断天然色度

按照天然色度为浅棕色，确定天然色度为 5 度色。

3. 判断目标色度

根据色号 7.07，确定目标色为 7 度色。

4. 选择双氧度数

6% 的双氧可以染浅 1 ~ 2 度。根据色度相差 2 度的条件，以及 6% 的双氧可以染浅 1 ~ 2 度的情况，选择 6% 的双氧进行调配。

## 任务评价

小组任务评价表

| 评价内容 | | 分数 | 自评 | 他评 | 教师点评 |
|---|---|---|---|---|---|
| 1 | 能说出4种常用双氧的度数 | 10 | | | |
| 2 | 能熟练表述3%、6%、9%、12%双氧浓度的作用，并进行染膏和双氧的选择 | 10 | | | |
| 3 | 能根据顾客实际情况，选择合适的染膏和双氧进行调配 | 10 | | | |
| 综合评价 | | | | | |

# 任务 5
# 漂粉与 0/00 的运用

## 任务描述

时尚达人多娜来到美发沙龙，请美发师为自己的头发染个当下流行的发色——奶奶灰。助理小杰分析，多娜头发的天然色度为浅棕色，他该如何进行调色呢？

## 任务准备

1. 查询、了解褪色产品，能够至少说出 2 种使头发褪色的产品。
2. 自主学习漂粉和 0/00 的特性。

## 相关知识

在染发中，漂色是指通过化学手段把天然色素或者人工色素变浅或去除的过程，大多数漂色使用漂粉和褪浅膏进行操作。在美发沙龙中，把粉末状可以褪浅的染发产品统称为漂粉；而褪浅膏只有一种，即 0/00，这类染发产品属于漂膏，它也具备染浅的能力，但是染浅的度数没有漂粉强。当没有了解这两者特性时，如果误操作，很容易对发质和发色造成很大的影响，所以美发师应该根据需求和条件分别使用漂粉和褪浅膏。

### 一、漂粉

#### 1. 漂粉的特性

漂粉中含有氧化剂（过硫化物），它可以单独使用（与水调和），但配合双氧使用时效果最佳。漂粉具有褪浅人工色素以及天然色素的功能，本身不具有对冲功能。

### 2. 漂粉的使用范围

（1）目标色的色度与天然色度相差 4 度或 4 度以上，如天然色度 3 度、目标色度 8 度的情况。

（2）人造色素需要继续染浅人工色素。由于人工色素不能继续染浅人造色素，所以之前染过较深的颜色以及黑色的头发想继续染浅目标色，就需要使用漂粉褪色，去除掉之前的人工色素才可以继续染新的人工色素。

（3）局部漂染及创意性染发。在确定头发基本色调的情况下，把局部做出与底色相差 4 度以上的色调，如挑染、片染、区域染或做创意性染发（蓝色、灰色、白色等）时使用。

### 3. 漂粉的褪色过程

漂粉的反应时间在 15 分钟为峰值，15 分钟前褪色最快，15 分钟后褪色逐渐减弱，对应的褪色过程是黑→褐→红→金红→金黄→黄→浅黄→十分浅黄，对应的色度编号如图 2-5-1 所示。

图 2-5-1　漂粉褪色过程

## 二、褪浅膏

### 1. 褪浅膏的特性

褪浅膏与漂粉成分有些不同，但基本差别不大，主要由氨水、单乙醇胺等碱性物质调配而成，呈膏状，碱性比漂粉略低。褪浅膏内没有色素，为透明色。它通过配合双氧来起到提取麦拉宁色素的作用，还可将氧化过的人工色素再进行分解，使人工色素变淡（在天然底色上最高可以褪浅到 7 度）。

### 2. 褪浅膏的使用范围

（1）添加到配方中用来淡化人工色素并褪浅天然色素。

（2）添加褪浅膏防止色素堆积。

（3）使颜色更通透。

（4）与漂粉配合使用，降低漂粉的碱性值。

### 3. 导致漂发褪浅操作不当，使发质干枯、色度不均匀的原因

（1）选择双氧浓度过高，氧化反应过于剧烈。

（2）双氧与漂粉的调配比例过低。

（3）褪浅时头发温度过高。

（4）操作时间过长。

（5）分出发片过厚。

（6）涂抹不均匀。

（7）局部产品用量过多。

## 三、沐浴染

沐浴染是一种温和的漂浅配方，适用于染过的头发，至少可以漂浅 1~2 度。也可用于发色修正，如发梢发色较深的情况。调配方法如下：

| | |
|---|---|
| 10 mL | 无尘漂粉 |
| 10 mL | 双氧 |
| 10 mL | 温水 |
| 10~15 mL | 洗发水 |

1. 确定染发方案

根据多娜喜欢奶奶灰发色的要求，对天然色度和目标色度进行分析，最终确定为她的头发褪色。

（1）判断天然色度。根据多娜头发天然色度为浅棕色，确定天然色度为 5 度色。

（2）判断目标色度。确定目标色度为极浅色，也就是 10 度以上（相差 4 度以上需要进行褪色）。

（3）选择双氧。目标色度与天然色度相差 5 度，因此选择 12% 的双氧。

2. 漂发或褪色

（1）漂粉。1 份漂粉 +3 份 12% 的双氧，涂抹于发根 2 cm 处，等 20 分钟

后，再重新调配 1 份漂粉 +3 份 9% 的双氧从发根涂至发尾，观察漂浅至 10 度即可以正常洗发。

（2）褪色膏。根据各品牌调配比例进行调配褪色。

3. 染色

过程略。

## 任务评价

小组任务评价表

| 评价内容 | | 分数 | 自评 | 他评 | 教师点评 |
|---|---|---|---|---|---|
| 1 | 能熟练表述漂粉和 0/00 的特性 | 10 | | | |
| 2 | 能正确调配漂粉和 0/00 | 10 | | | |
| 3 | 能根据实际情况，准确选择漂粉或 0/00 进行褪色，并满足顾客需求 | 10 | | | |
| 综合评价 | | | | | |

# 模块三
# 新生发的初次染

## 学习目标

认识发型基准点位置，能够叙述发型基准点的位置及名称

能在规定的时间内，根据顾客头部的特点和需求进行区域划分

掌握染色的步骤，了解染色各个环节时间控制的要点

能根据顾客的需求与头发实际情况，选择合适的染膏和双氧进行调配

# 任务 1 染发的分区

## 任务描述

露西来到美发沙龙，请美发师将自己的头发重新染成茶色。美发师安排助理小杰为露西做染发前的分区准备。你认为小杰该如何操作呢？

## 任务准备

学习、熟记发型基准点的位置及名称。

## 相关知识

### 一、发型的基准点

为了有秩序地染发，必须将头发进行分区。首先要在头部找准位置（即点的确定），然后以点为基准划分线条，继而通过不同角度配合呈现千变万化的面，所有的分区都是由上述点、线、面组合而成的。发型基准点的位置及名称如图 3-1-1 所示。

### 二、分区的方法

分区能缩小染发的空间，达到精确的染色效果。染发的分区分为主分区与次分区（见图 3-1-2）。

#### 1. 十字分区（主分区）的方法

从中心点到颈部点，用一条直线将头部划分为左右两大区域（见图 3-1-3）。再从顶部点到耳上点，用一条直线将头部划分为前后两大区域（见图 3-1-4）。

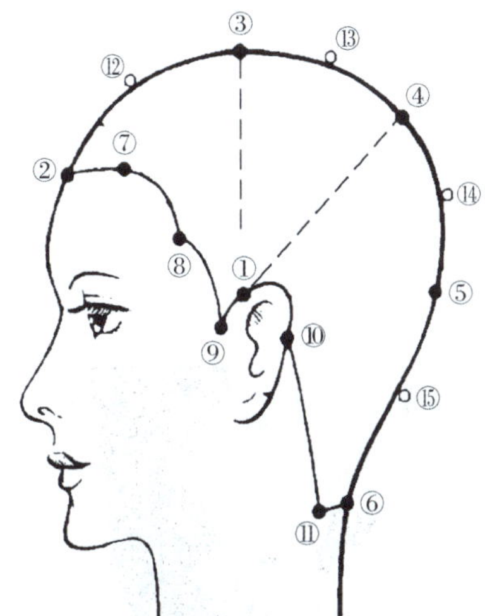


| 序号 | 名称 |
| --- | --- |
| ① | 耳上点 |
| ② | 中心点 |
| ③ | 顶部点 |
| ④ | 黄金点 |
| ⑤ | 枕骨点 |
| ⑥ | 颈部点 |
| ⑦ | 前侧点（左、右） |
| ⑧ | 侧部点（左、右） |
| ⑨ | 侧角点（左、右） |
| ⑩ | 耳后点（左、右） |
| ⑪ | 颈侧点（左、右） |
| ⑫ | 中心顶部基准点 |
| ⑬ | 顶部黄金间基准点 |
| ⑭ | 黄金后部间基准点 |
| ⑮ | 后部颈间基准点 |

图 3-1-1　发型基准点的位置及名称

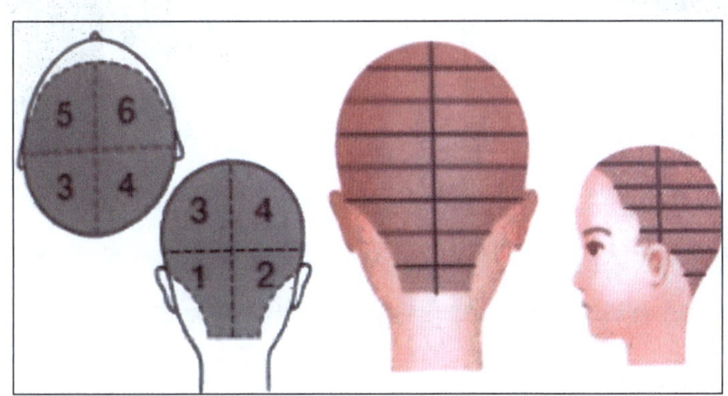


主分区　　　　次分区

图 3-1-2　染发的分区

图 3-1-3　左右两区的划分图

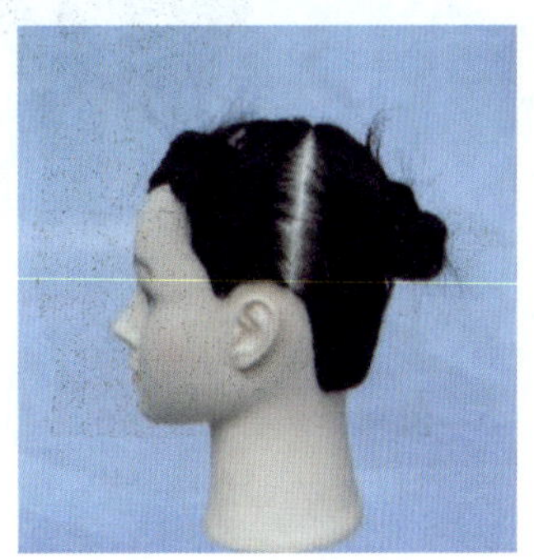

图 3-1-4　前后两区的划分图

### 2. 水平分线（次分区）的方法

从后区开始从上至下或从下至上（根据色度的深浅决定），将发片分为 1 cm 的厚度，分份线应均匀一致（见图 3-1-5）。

## 三、染发的站姿与站位

### 1. 基础姿势

站在发片正面，以便将发束垂直取出（见图 3-1-6）。

图 3-1-5 1 cm 厚度发片

图 3-1-6 基础姿势

### 2. 左脸周围

斜着取出左脸周围头发时，手肘要与取出的发片保持平行（见图 3-1-7）。

### 3. 右脸周围

斜着取出右脸周围头发时，手肘要与取出的发片保持平行（见图 3-1-8）。

图 3-1-7 左脸周围站姿

图 3-1-8 右脸周围站姿

## 任务实施

1. 准备好工具、头模，做好防护。

2. 梳顺头发。

3. 从中心点到颈部点，用一条直线将头部划分为左右两大区域，用鸭嘴夹固定；再从顶部点到耳上点，用一条直线将头部划分为前后两大区域，用鸭嘴夹固定。

从后区开始从上至下或从下至上（根据色度的深浅决定），将发片分为 1 cm 厚度，注意分份线均匀一致。

## 任务评价

小组任务评价表

| 评价内容 | | 分数 | 自评 | 他评 | 教师点评 |
|---|---|---|---|---|---|
| 1 | 能熟记发型基准点的位置及名称 | 10 | | | |
| 2 | 能按标准进行准确的十字分区 | 10 | | | |
| 3 | 能按标准均匀划分细分区 | 10 | | | |
| 综合评价 | | | | | |

# 任务2
# 初次染的运用

## 任务描述

一名20岁左右的时尚女孩来到美发沙龙，美发师与她沟通交流后，得知她的愿望是给自己乌黑亮丽的头发改变一种发色。美发师安排助理小杰分析顾客头发的自然色度，并做好初次染的涂抹工作。小杰该如何操作呢？

## 任务准备

1. 复习染发防护措施及工具的准备工作。
2. 自主学习初次染的涂抹流程和涂抹技法。
3. 复习染膏和双氧的作用，能够熟练表述双氧浓度的作用。

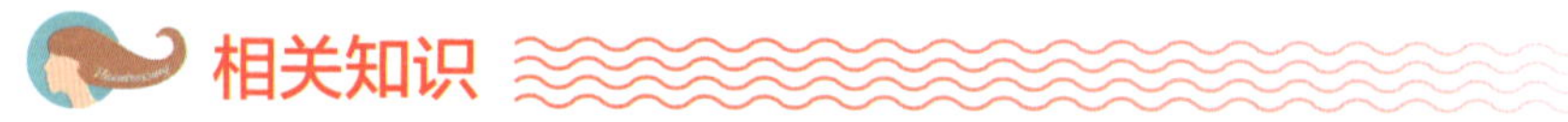

## 相关知识

### 一、初次染的介绍

初次染发时，考虑到头发的天然麦拉宁色素较多，不易染浅，所以应选用氨多的染膏以及高度的双氧。初次染一般可以分为染黑发与彩色染发两种。

#### 1. 染黑发

染后的头发颜色是黑色的染发叫作染黑发，一般常用来将花白发染黑，如图3-2-1所示。

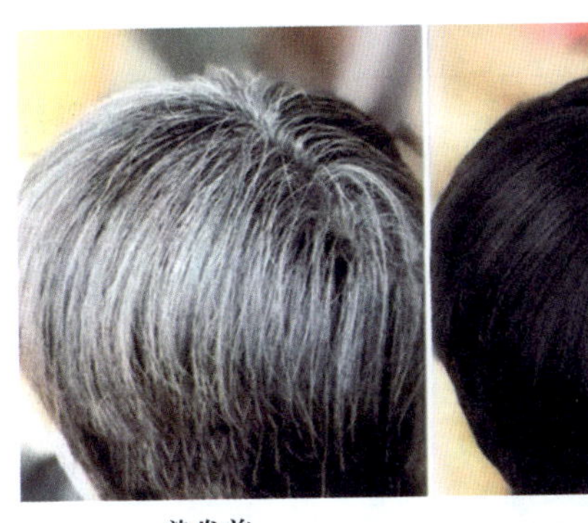


图 3-2-1　染黑发

### 2. 彩色染发

染后的头发颜色是彩色的染发叫作彩色染发。彩色染发能突出个性、表达时尚，通过丰富的颜色给予发型更多的变化，如图 3-2-2 所示。

图 3-2-2　彩色染发

## 二、染发的步骤

染发共分为六大步骤，称为染发标准（MS 标准），即咨询顾客、发质分析、提出方案、确定配方、染发操作和顾客评价。

### 1. 咨询顾客

专业的沟通和询问可以了解顾客的想法，并为顾客选择发色提供建议。美发师首先要学会聆听顾客的想法，有些顾客对于自己的发色会有一些要求，如不喜欢太亮、不喜欢大红等，美发师通过咨询，可以避开顾客不喜欢的因素，获得更高的顾客满意度。在咨询顾客的过程中，美发师要始终注意遵守职业规范，提供主动、热情、耐心、周到的微笑服务。

### 2. 发质分析

美发师应通过分析顾客发质状态及发色，确定使用的染膏配方及双氧浓度，具体见表 3-2-1、表 3-2-2。

表 3-2-1　发质状态分析表

| 发质状态 | 发质特性 |
|---|---|
| 抗拒性发质（粗硬发质，自然卷，沙发，自然白发） | 毛鳞片紧闭，不易上色，色度易暗，色素不易饱和 |

续表

| 发质状态 | 发质特性 |
| --- | --- |
| 健康正常发质（正常新生发，细硬发质） | 易上色，色度易暗，色素不易饱和 |
| 细软发质（新生细软发质） | 易上色，色素不易饱和 |
| 轻度受损发质（做过一次烫或染，色度在 3～5 度，无化学性包裹处理，无漂色、褪色处理） | 易上色，发尾易色素堆积 |
| 中度受损发质（做过两次烫或染，色度在 6～7 度，无化学性包裹处理，无漂色、褪色处理） | 易上色，发尾易色素堆积 |
| 严重受损发质（做过两次以上烫或染，色度在 7 度以上，有化学性包裹处理，有漂色、褪色处理） | 易上色，易掉色，发尾易色素堆积，不建议漂色、褪色 |
| 化学包裹性发质（做过黑油、打蜡、水光针） | 不易上色，需漂色或褪色 |

表 3-2-2　自然发色与底色分析表

| 发色 | 发色特性 |
| --- | --- |
| 新生发自然色 1～3 度 | 发质健康，天然色素量为 150%～200%，可褪色，色度易暗，不建议使用低度双氧 |
| 新生发自然色 3～5 度 | 发质健康，天然色素量为 110%～150%，可褪色 |
| 人工色 3～4 度 | 色素量为 130%～150% |
| 人工色 4～5 度 | 色素量为 90%～110% |
| 人工色 6～7 度 | 色素量为 70%～90% |
| 人工色 7～8 度 | 存色能力弱，易色素堆积，色素量为 50%～70% |
| 人工色 8 度以上 | 存色能力弱，易色素堆积，不建议使用漂粉褪色，不建议使用高度双氧，色素量为 10%～50% |
| 化学包裹性发色（黑油、打蜡） | 不能直接上色，建议褪色、褪蜡 |

美发师在调配染膏前应充分了解最后对目标色会产生影响的所有因素，包括发质、双氧、人工色素等，并做出相应调整，以保证获得想要的目标色。

### 3. 提出方案

通过与顾客专业的沟通以及对顾客发质状态与发色的分析，根据顾客自身形象、职业、风格特点，确定染色方案。

### 4. 确定配方

在根据顾客实际情况确定好发色后，首先要进行染膏调配。初次染发考虑全是新生发，头发的天然麦拉宁色素较多，因此选择双氧浓度非常重要，一般选择 12% 的双氧，这样比较容易上色。

## 知识窗

过氧化氢溶液有不同的浓度：3% 的过氧化氢溶液能产生 10 倍体积的氧气；6% 的过氧化氢溶液能产生 20 倍体积的氧气；9% 的过氧化氢溶液能产生 30 倍体积的氧气；12% 的过氧化氢溶液能产生 40 倍体积的氧气；18% 的过氧化氢溶液则产生 60 倍体积的氧气。强度太弱的过氧化氢不适合用来漂浅及染色。使用浓度较高的过氧化氢，虽然可以加速漂浅的作用，但可能伤害头发。因此，染发时要根据染深、染浅程度的需要，决定选用哪种浓度的过氧化氢。

3%（10 Vol）——不能带出头发色素。

6%（20 Vol）——带出色素 1/2 度至 1 度，用于染深、同度染或染浅。

9%（30 Vol）——带出色素 2 度至 3 度，用于染浅。

12%（40 Vol）——带出色素 4 度至 5 度，用于染浅。

18%（60 Vol）——带出色素 5 度以上，用于染浅。

值得注意的是 18% 的过氧化氢溶液虽然能够染浅头发，但由于浓度过高，对人的肌肤和头发都会造成很大程度的伤害，现已被国际上禁用，但可用于假发的染浅。

### 5. 染发操作

（1）将头发梳顺，全头十字分区，如图 3-2-3、图 3-2-4 所示。

图 3-2-3　十字分区（前）

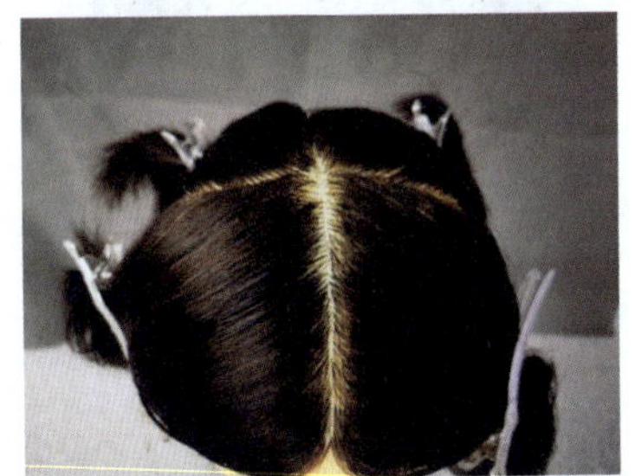

图 3-2-4　十字分区（后）

（2）调制目标色，按说明书调制染膏，如图 3-2-5、图 3-2-6 所示。

（3）涂抹离发根 2 cm 新生发，等待 15~20 分钟，如图 3-2-7、图 3-2-8 所示。

图 3-2-5　染膏

图 3-2-6　调制染膏

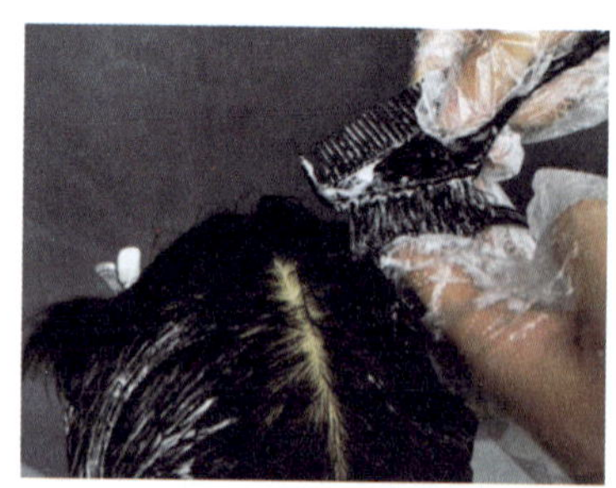
图 3-2-7　涂抹离发根 2 cm 新生发

图 3-2-8　涂抹完成效果

（4）重新调配染膏，涂抹发根至发尾，等待 35 分钟。在涂抹染膏时需横向八字交叉涂抹，使头发鳞状表层打开，以利于染膏的渗入，如图 3-2-9、图 3-2-10 所示。

图 3-2-9　涂抹发根至发尾

图 3-2-10　涂抹完成效果

（5）乳化冲洗，如图 3-2-11 所示。

（6）最后进行吹风造型，如图 3-2-12 所示。

美发师在调配好染膏后，需及时将染膏涂抹在头发上。在染膏涂抹过程中，需要注意以下要求：

- 在涂抹染膏前，需要进行皮肤测试，确定顾客不对染膏过敏后方可涂抹。

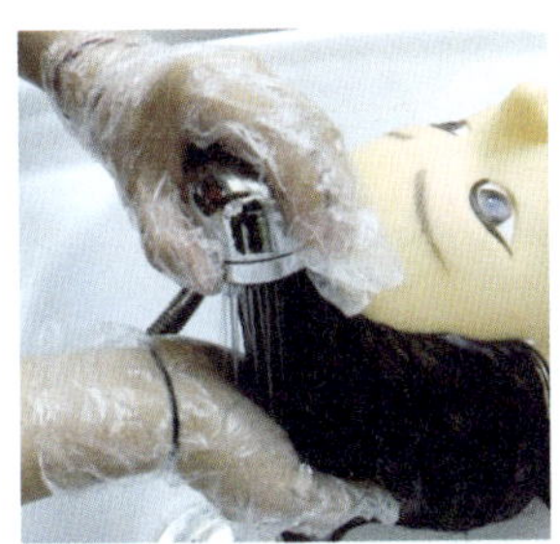
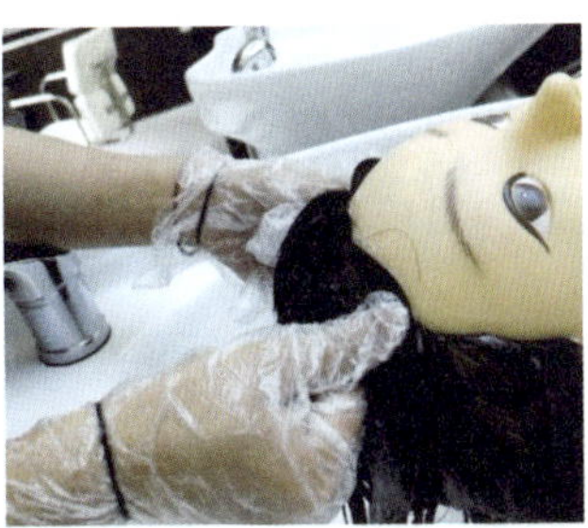

图 3-2-11　乳化冲洗

图 3-2-12　吹风造型

• 需要按照发中与发尾部位、底层头发及发根部位、头顶高温区部位的顺序涂抹染膏，以确保发色均匀。

• 需将染膏快速、均匀地涂抹在头发上。在涂抹过程中，如将染膏沾染到顾客或自己的皮肤上，需及时擦除。

### 6. 顾客评价

染发结束后，美发师需请顾客填写顾客满意度评价表（见表 3-2-3），充分收集顾客的评价和意见，并与顾客维持有效的联系，以便为顾客提供更好的服务。

表 3-2-3　顾客满意度评价表

| 尊敬的顾客：<br>非常荣幸能为您提供服务，希望我的服务能令您满意！ |
|---|
| 下列问题中，请在最符合情况的答案前打“√”。 |
| 10 分：非常满意　8 分：满意　6 分：感觉不明显　4 分：一般　0 分：不满意 |
| 1. 发型师与您的沟通能力。□ 10 分　□ 8 分　□ 6 分　□ 4 分　□ 0 分 |
| 2. 服务人员态度主动、热情、有礼。□ 10 分　□ 8 分　□ 6 分　□ 4 分　□ 0 分 |
| 3. 美发师染发的效果。□ 10 分　□ 8 分　□ 6 分　□ 4 分　□ 0 分 |
| 您的姓名：　　　　　　　　您的联系方式：<br>感谢您的参与，请在此留下您对我的宝贵意见和建议，帮助我不断改进，谢谢！ |

## 任务实施

1. 咨询顾客，明确愿望。

2. 发质分析

（1）发质：正常、偏细。

（2）自然发色：3度（无烫染史）。

（3）发长：30 cm。

（4）发量：适中。

3. 提出方案：推荐目标色为6.3。

4. 确定配方

（1）调配50 g 6.3染膏+75 mL 9%双氧，涂抹发中至发尾（停放15～20分钟）。

（2）重新调配40 g 6.3染膏+60 mL 6%双氧，涂抹发根，同时将发尾再次涂抹补充（停放35分钟）。

5. 染发操作。

6. 顾客评价。

## 任务评价

小组任务评价表

| 评价内容 | | 分数 | 自评 | 他评 | 教师点评 |
|---|---|---|---|---|---|
| 1 | 能说出各种染发工具的用途 | 10 | | | |
| 2 | 能按照职业规范营造并维护染发工作区域 | 10 | | | |
| 3 | 能根据顾客的需求，按照初次染发的涂抹流程，规范实施涂抹技法 | 10 | | | |
| 综合评价 | | | | | |

# 模块四
# 头发的补染

## 学习目标

掌握补染的操作步骤与方法

能根据头皮的颜色和状况，确定补染方案

能根据顾客的需求与头发实际情况，选择合适的染膏和双氧进行调配

# 任务 1 补染的认识

## 任务描述

晓彤 2 个月前在美发沙龙染过头发，现在头发长出了黑发，她与美发师沟通后决定进行补染。美发师该如何操作？

## 任务准备

1. 识记染色的步骤及染色各个环节时间控制的要点。
2. 能分辨新生发的度数与底色的度数。

## 相关知识

### 一、补染的概念

人们染过头发后一段时间会长出新的头发，而新生发的颜色与发尾会有差别，这时，需要将新生发进行染色，这个过程就是补染（见图 4-1-1）。

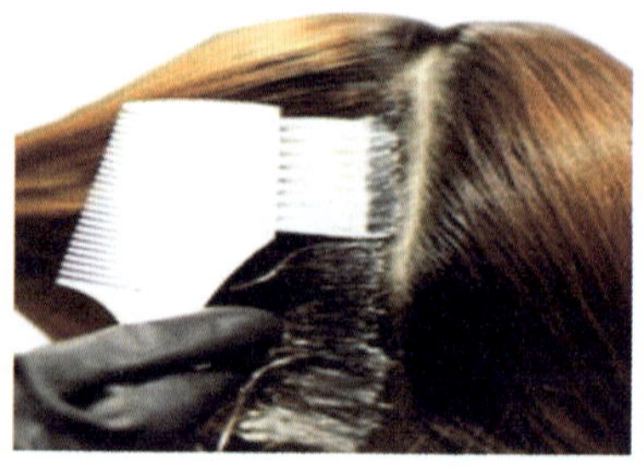

图 4-1-1　补染

## 二、底色的概念

头发被染过或者漂浅后所呈现的颜色称为底色。底色分为红、橙红、橙、橙黄、浅黄、十分浅黄等颜色。

## 三、补染的判断

1. 先分清楚新生发发根的长度是 2 cm 还是超长发根。
2. 再分辨新生发的度数与底色的度数，以选择合适的双氧。

## 四、补染的准备工具

1. 染发工具车、加热器、电子秤、计时器。
2. 染发毛巾、染发围布、防水披肩、护耳套。
3. 染发刷、调色碗、耳罩、鳄鱼夹、尖尾梳。
4. 双氧：6%、9%、12%。
5. 染膏：根据设计要求，选择几种不同度数的染膏。

## 五、补染时间的停放

补染时间的停放见表 4-1-1。

表 4-1-1　补染时间停放表

| 褪色情况（发中至发尾） | 显色时间 | 做法 |
| --- | --- | --- |
| 相同颜色，只褪去色调 | 5 分钟 | 最后 5 分钟涂放于发中至发尾 |
| 相差一度 | 15～20 分钟 | 最后 15～20 分钟涂放于发中至发尾 |
| 相差两度 | 35 分钟 | 先把颜色涂放到发根，然后马上涂放于发中至发尾 |

## 六、补染操作的注意事项

补染 2 cm 的新生发，要考虑头皮温度会加大染膏和双氧氧化能力，也就是会产生头顶容易比发中、发尾亮一个度的情况，因此在补染发根时可加低一个度的基色，控制发根过亮。

补染 3 cm 以上的新生发，要考虑发根部分会使染膏加强氧化，而 3 cm 以上部分则得不到加强氧化，所以在 3 cm 以上的部分用正常配方补染，而离发根 1～2 cm 的地方加入低一个度的基色，以控制发根过亮。

## 任务实施

1. 根据顾客发质分析，判断补染方法。

2. 补染部分在 2 cm 时可直接涂抹需补染部分。

3. 若补染部分在 3 cm 以上，则先涂抹 3 cm 以上部分，3 cm 以上部分上色后再涂抹 2 cm 部分。

4. 注意染色各个环节时间控制的要点。

## 任务评价

小组任务评价表

| 评价内容 | | 分数 | 自评 | 他评 | 教师点评 |
|---|---|---|---|---|---|
| 1 | 能叙述补染的步骤与方法 | 10 | | | |
| 2 | 能分辨新生发发根长度以及新生发与底色的度数 | 10 | | | |
| 3 | 能阐述补染每个环节的注意事项 | 10 | | | |
| 综合评价 | | | | | |

# 任务 2
# 新生发补染的涂抹

## 任务描述

美发沙龙来了一位女顾客，她的发根有 2 cm 的新生发，而发尾底色为黄色。美发师决定为顾客进行补染，并安排助理完成染膏涂抹操作。

## 任务准备

复习染色的步骤，熟记染色各个环节时间控制的要点。

## 相关知识

新生发补染的涂抹流程见图 4-2-1 至图 4-2-6。

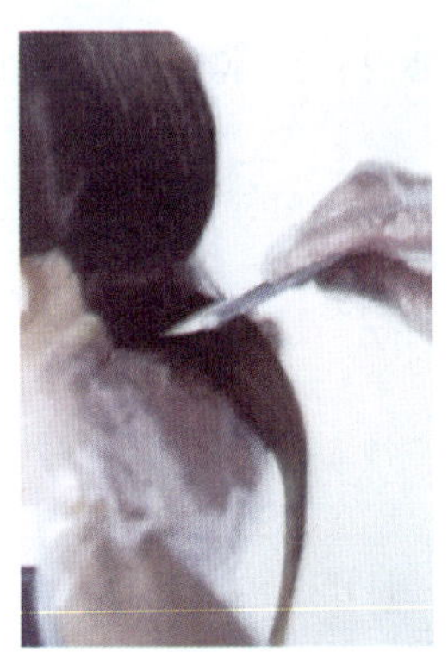

图 4-2-1　留出发尾，相对 90°提取发片，用八字交叉法将染膏涂抹于发根 2 cm 部位

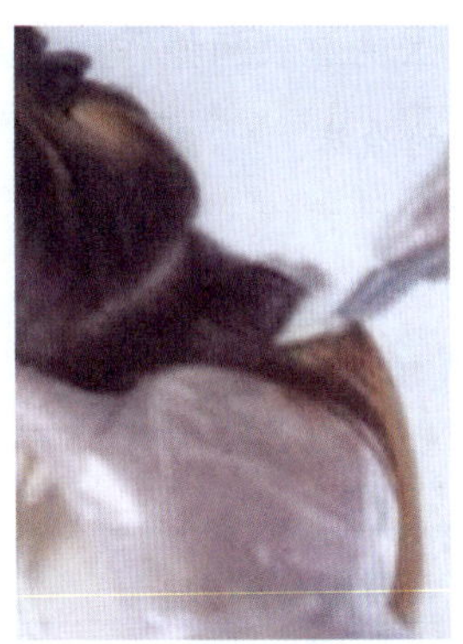

图 4-2-2　在紧靠发根处用染刷站立的方式整理染膏，量不宜过多，涂抹的位置需超过新生发 1 cm

图 4-2-3　全头涂抹完成后，立即进行交叉检查。检查涂抹有无遗漏，涂抹的根部是否堆积过量

图 4-2-4　交叉检查结束后，以发根浮起的状态放置

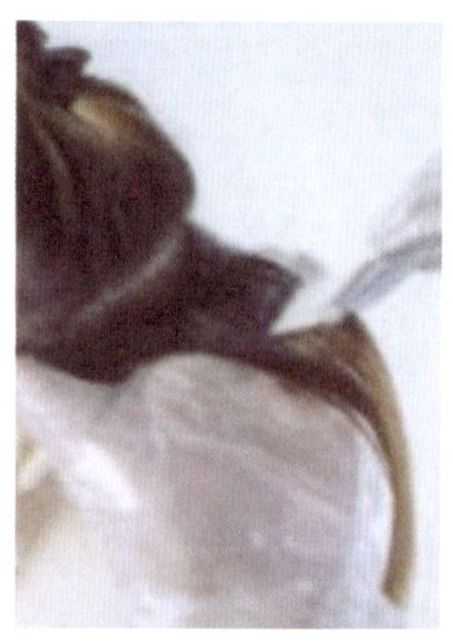

图 4-2-5　剩余染膏加温水，涂抹发中至发尾的底色部位

图 4-2-6　涂抹完成后放置等待

## 任务实施

学生观看教师操作，然后在头模上进行实操练习，并能在规定时间内完成补染的涂抹。

## 任务评价

小组任务评价表

| 评价内容 | | 分数 | 自评 | 他评 | 教师点评 |
|---|---|---|---|---|---|
| 1 | 能分片均匀涂抹染膏 | 20 | | | |
| 2 | 能阐述染发每个环节的注意事项 | 10 | | | |
| 综合评价 | | | | | |

# 模块五
# 白发染黑

## 学习目标

认识白发产生的原因

熟记不同白发比例对应的染膏调配方法

能分辨白发的比例，并选择正确的比例进行染膏调配

# 任务 1
# 白发的认识

## 任务描述

美发沙龙来了一位 40 多岁的女士，她的头发颜色是天然发色的深棕色，发根有 5 cm 的白发。通过沟通与交流，美发师得知她的愿望是将白发遮盖。美发师该如何操作？

## 任务准备

1. 自主学习白发形成的原因，理解白发与色素的关系。
2. 识记 0 ~ 50% 白发与 50% ~ 100% 白发对应的染膏调配比例。

## 相关知识

### 一、白发的由来

头发中的天然色素麦拉宁是由毛囊底部的麦拉宁色素细胞产生的。络氨酸酶细胞直接影响麦拉宁色素细胞的工作，当此色素细胞停止生产色素时，白发就出现了，如图 5-1-1 所示。

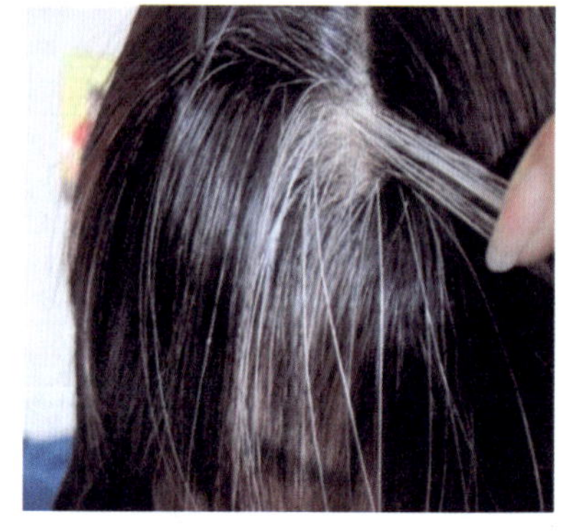

图 5-1-1　白发

引起白发的原因有很多，与精神因素有关，与内分泌失调、贫血或是不良的生活习惯等也有关系。过度忧虑可使供应头发营养的血管发生痉挛，不能充分传送营养，使得色素减少，从而出现白发。头发的主要成分是胶原蛋白，因此平时要补充优质蛋白质，注意膳食营养平衡，多吃五谷杂粮及含维生素多的食物，少食甜、油、辣食物，少饮酒，保证充足的睡眠。

## 二、白发与色素的关系

白发是没有色素的，需要通过加基色获得基本金色：

| 基色 | 3 | 4 | 5 | | | 针对较深发色 |
|---|---|---|---|---|---|---|
| 加强基色 | 3.0 | 4.0 | 5.0 | | | |
| 基本金色 | 4.3 | 5.3 | 6.3 | 7.3 | 8.3 | 针对较浅发色 |

## 三、基色的分配比例

1. 0~50% 的白发：目标色直接加 1/4 基色或基本金色可以完全覆盖白发。
2. 50%~100% 的白发：目标色加 1/2 基色或基本金色可以完全覆盖白发。

1. 辨别各种白发的比例，采取相应的调配方法。
2. 根据顾客发质分析，判断补染方法。

小组任务评价表

| 评价内容 | | 分数 | 自评 | 他评 | 教师点评 |
|---|---|---|---|---|---|
| 1 | 能自主学习白发形成的原因，理解白发与色素的关系 | 15 | | | |
| 2 | 能识记不同白发比例对应的染膏调配方法 | 15 | | | |
| 综合评价 | | | | | |

# 任务 2 男士花白发染黑

## 任务描述

小康年纪轻轻已经任某公司的部门经理，可是最近两年头上长出了部分白发。刚开始他不以为然，最近发现领导总是将重要的露面机会交给其他人后，他决定改变自己的形象。美发师与小康沟通后决定将他的头发染黑。

## 任务准备

1. 复习染白发的原理。
2. 复习染发的步骤，识记染发各个环节时间控制的要点。

## 相关知识

### 一、咨询顾客

通过专业的沟通和询问，了解顾客的想法，同时为顾客解决问题。处理男士花白发的方法是将头发染成比原本发色深的颜色，遮盖住白发。

### 二、发质分析

通过分析顾客发质状态，确定使用的染膏配方，具体见表 5-2-1。

表 5-2-1　发质状态对应染膏配方

| 发质状态 | 染膏配方 |
| --- | --- |
| 普通白发（正常新生发，细硬发质） | 1. 白发少于 30%：目标色 +6% 双氧（1∶1）<br>2. 白发多于 30%，少于 50%：目标色 + 目标色基色 +6% 双氧（2∶1∶3）<br>3. 白发多于 50%，少于 100%：目标色 + 目标色基色 +6% 双氧（1∶1∶2） |
| 抗拒性白发（粗硬发质，自然卷，沙发，自然白发） | 1. 软化抗拒性白发。在染发前，在干白发上涂 3% 或 6% 双氧加热吹干，使白发容易吸收色素（湿发可用 6% 双氧加热吹干）<br>2. 选择深一度染膏，同时选用强一级的双氧，使遮盖白发效果更好、更均匀<br>3. 先补色后软化。适合在局部抗拒性白发上使用（又称打底），首先用染膏 + 温水（1∶1）混合涂于抗拒性白发上，等待 10～15 分钟，不用冲洗，再将染膏 + 双氧（1∶1）混合，重新涂在白发上，停留 35～45 分钟 |

必须使用 6% 双氧
染膏分量要足，不然覆盖不上
要有充分的氧化时间
要从白发最多的部位进行涂放

## 三、鉴别皮肤

由于染膏有一定的腐蚀性，因此在染发前，首先要查看顾客皮肤是否有破伤、疮节等病变；其次要询问顾客是否有过敏史，也可做皮试，方法是将染膏涂在顾客的耳后或手臂内侧，30 分钟后擦净，24 小时内如果没有发痒、红肿现象则可以染发。

## 四、审视肤色、发色

仔细观察顾客皮肤的颜色，是白或偏红、偏黄、偏黑等；同时要观察顾客头发颜色属于哪个色调，并询问顾客希望染成的颜色。综合以上信息，对照色板决定调色的比例。

## 五、备齐物品、做好防护

备好染发毛巾、染发围布、染发刷、染发梳、染发碗、鸭嘴夹、手套、染膏、双氧等；将顾客头发洗干净，吹至九成干；围好染发围布，垫好染发毛巾，沿发际线涂一层发油。

## 六、染发操作

1. 按图 5-2-1 所示进行头发分区。

2. 调配染膏：3/0 染膏 +6% 双氧以 1：1 比例调配（见图 5-2-2）。

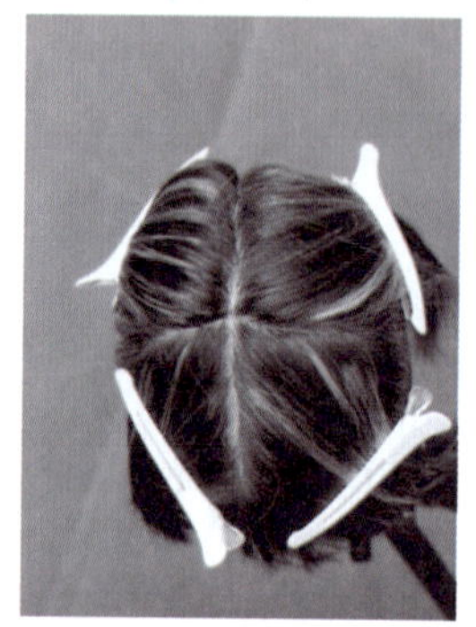

图 5-2-1　头发分区

图 5-2-2　调配染膏

3. 涂抹发根，如图 5-2-3 所示。

4. 取宽度 1 cm 发片，如图 5-2-4 所示。

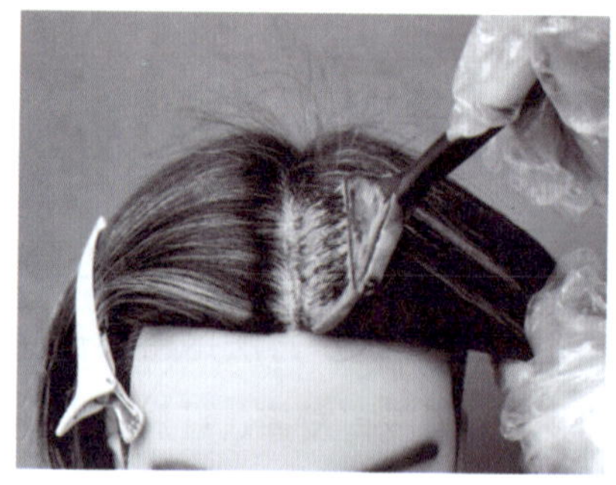

图 5-2-3　涂抹发根

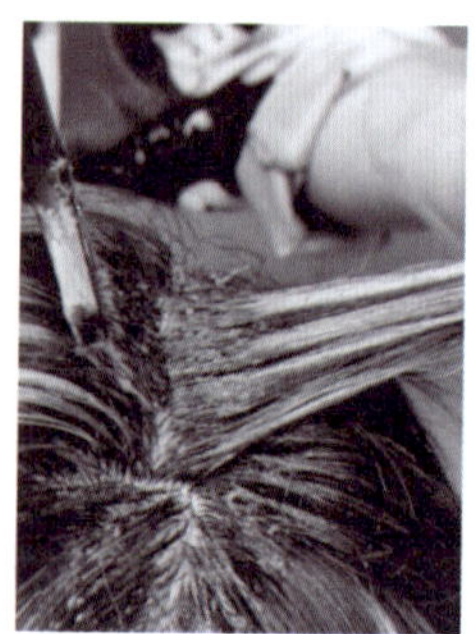

图 5-2-4　取宽度 1 cm 发片

5. 涂抹发片的上面、下面，顺发流方向以贴近头皮的方式涂抹，如图 5-2-5 所示。

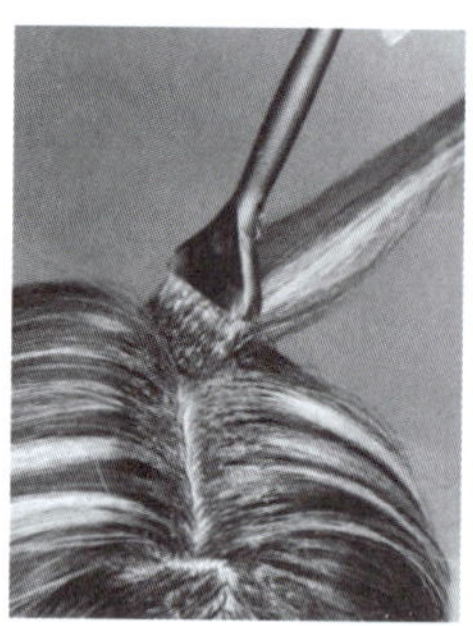

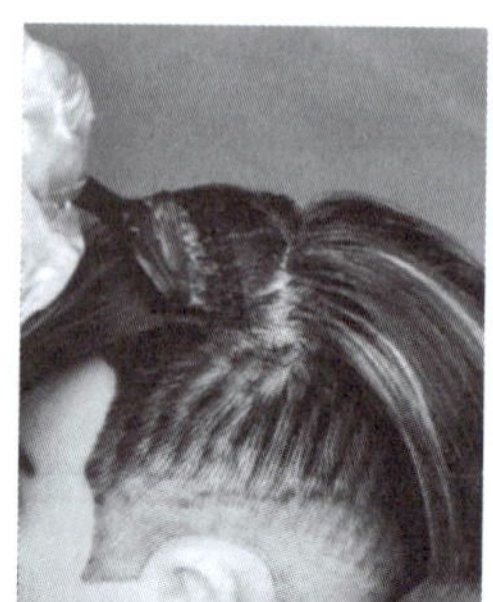

图 5-2-5　涂抹发片

6. 涂抹发尾，如图 5-2-6 所示。
7. 涂抹完成，停留 45 分钟，如图 5-2-7 所示。
8. 乳化吹干，完成操作，如图 5-2-8 所示。

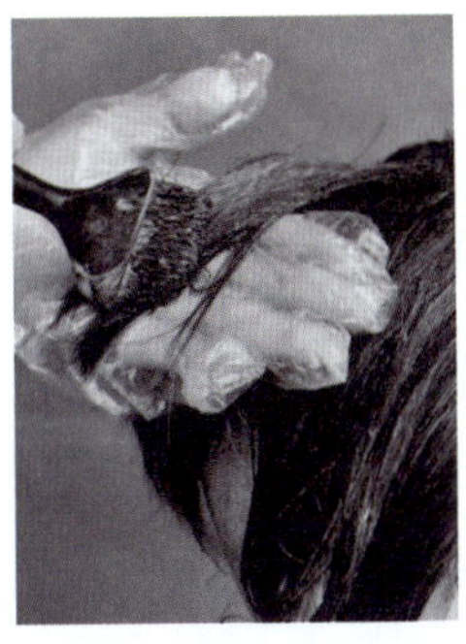
图 5-2-6 涂抹发尾

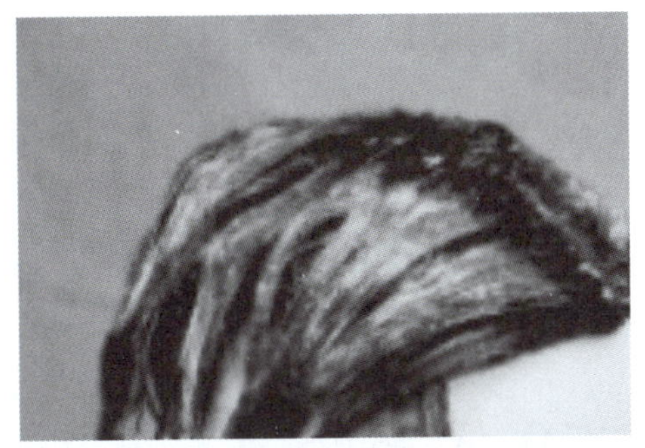
图 5-2-7 涂抹完成，停留 45 分钟

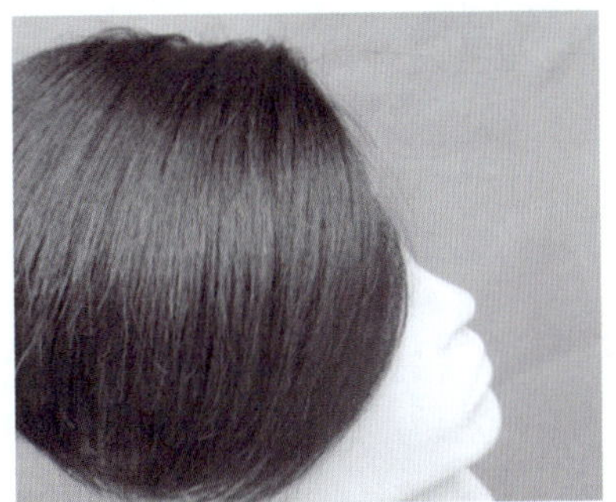
图 5-2-8 乳化吹干

## 任务实施

学生观看教师操作，然后在头模上进行实操练习。

## 任务评价

小组任务评价表

| 评价内容 | | 分数 | 自评 | 他评 | 教师点评 |
|---|---|---|---|---|---|
| 1 | 能正确选用染膏配方 | 10 | | | |
| 2 | 能分片均匀涂抹染膏 | 10 | | | |
| 3 | 能阐述染发每个环节的注意事项 | 10 | | | |
| 综合评价 | | | | | |

# 任务 3
# 女士花白发染黑

## 任务描述

龙女士前段时间来到美发沙龙染过头发，现在头发长出了 3 cm 白发，头发花白显得不精神，她与美发师沟通后决定进行染黑处理。

## 任务准备

1. 复习染白发的原理。
2. 复习染发的步骤，识记染发各个环节时间控制的要点。

## 相关知识

### 一、咨询顾客

通过专业的沟通和询问，了解顾客的想法，同时为顾客解决问题。处理女士花白发的方法是将头发染成比原本发色深的颜色，遮盖住白发。

### 二、发质分析

通过分析顾客发质状态，确定使用的染膏配方，具体见表 5-3-1。

表 5-3-1　发质状态对应染膏配方

| 发质状态 | 染膏配方 |
| --- | --- |
| 普通白发（正常新生发，细硬发质） | 1. 白发少于 30%：目标色 +6% 双氧（1 : 1）<br>2. 白发多于 30%，少于 50%：目标色 + 目标色基色 +6% 双氧（2 : 1 : 3）<br>3. 白发多于 50%，少于 100%：目标色 + 目标色基色 +6% 双氧（1 : 1 : 2） |

续表

<table>
<tr><th>发质状态</th><th>染膏配方</th></tr>
<tr><td>抗拒性白发（粗硬发质，自然卷，沙发，自然白发）</td><td>1. 软化抗拒性白发。在染发前，在干白发上涂 3% 或 6% 双氧加热吹干，使白发容易吸收色素（湿发可用 6% 双氧加热吹干）<br>2. 选择深一度染膏，同时选用强一级的双氧，使遮盖白发效果更好、更均匀<br>3. 先补色后软化。适合在局部抗拒性白发上使用（又称打底），首先用染膏＋温水（1：1）混合涂于抗拒性白发上，等待 10～15 分钟，不用冲洗，再将染膏＋双氧（1：1）混合，重新涂在白发上，停留 35～45 分钟</td></tr>
<tr><td colspan="2">必须使用 6% 双氧<br>染膏分量要足，不然覆盖不上<br>要有充分的氧化时间<br>要从白发最多的部位进行涂放</td></tr>
</table>

## 三、鉴别皮肤

由于染膏有一定的腐蚀性，因此在染发前，首先要查看顾客皮肤是否有破伤、疮节等病变；其次要询问顾客是否有过敏史，也可做皮试，方法是将染膏涂在顾客的耳后或手臂内侧，30 分钟后擦净，24 小时内如果没有发痒、红肿现象则可以染发。

## 四、审视肤色、发色

仔细观察顾客皮肤的颜色，是白或偏红、偏黄、偏黑等；同时要观察顾客头发颜色属于哪个色调，并询问顾客希望染成的颜色。综合以上信息，对照色板决定调色的比例。

## 五、备齐物品、做好防护

备好染发毛巾、染发围布、染发刷、染发梳、染发碗、鸭嘴夹、手套、染膏、双氧等；将顾客头发洗干净，吹至九成干；围好染发围布，垫好染发毛巾，沿发际线涂一层发油。

## 六、染发操作

1. 女士 0～50% 白发如图 5-3-1 所示，染发过程如下：

图 5-3-1　女士 0 ~ 50% 白发

（1）先将头部进行十字分区，如图 5-3-2 所示。

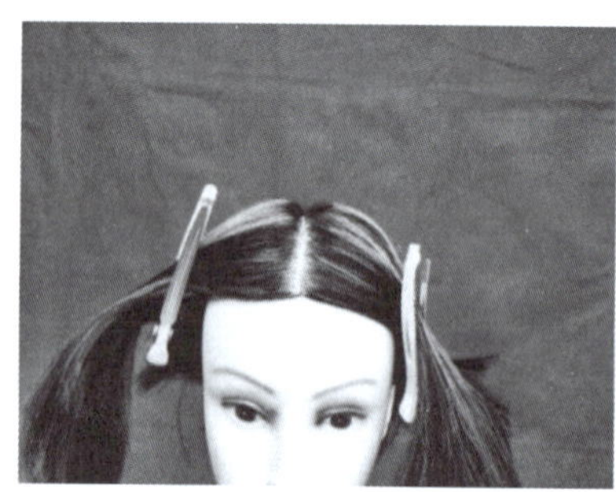
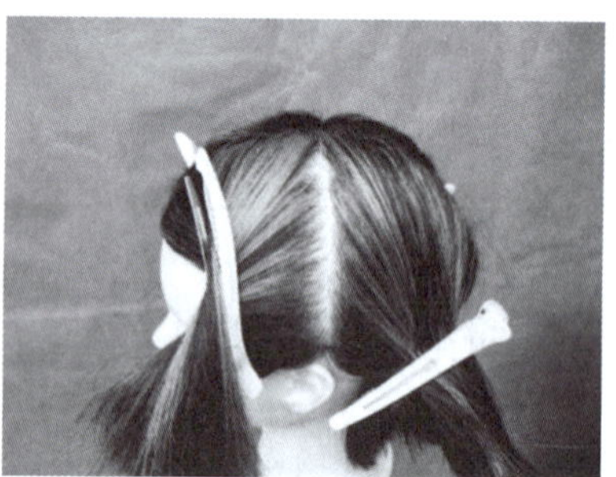

图 5-3-2　十字分区

（2）调配染膏，染膏为目标色（4.35）直接加 1/4 基色（4）或基本金色（4.3），调配比例为 4 : 1 : 1.5，如图 5-3-3 所示。

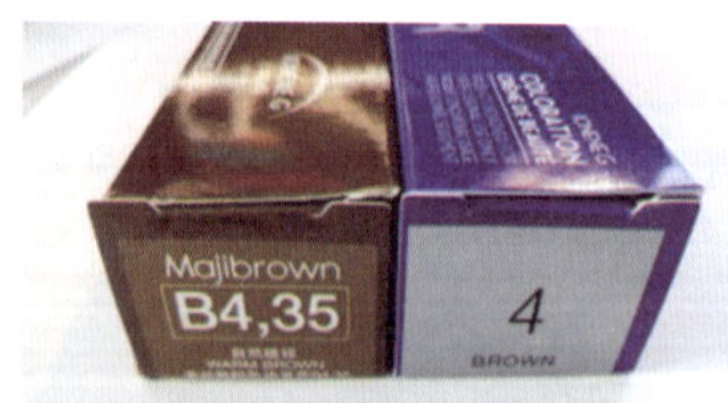

图 5-3-3　调配染膏

（3）用调配好的染膏涂抹分区线，如图 5-3-4 所示。

（4）分取发片，按八字交叉法依次涂抹发片，如图 5-3-5 所示。

（5）依次涂抹四个区域，如图 5-3-6 所示。

（6）涂抹完成，等待 45 分钟，如图 5-3-7 所示。

（7）乳化冲水，如图 5-3-8 所示。

（8）吹风造型，如图 5-3-9 所示。

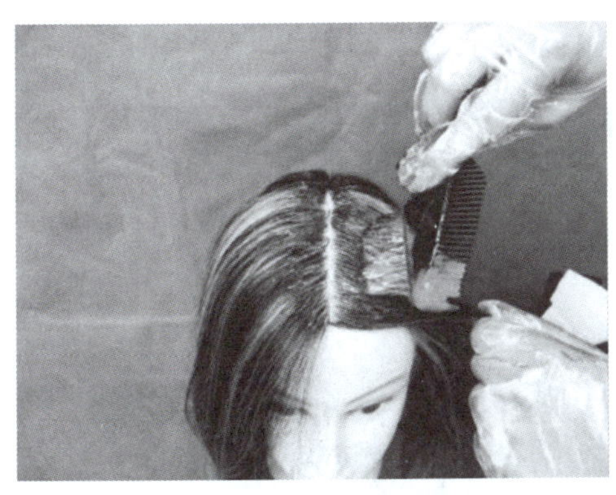
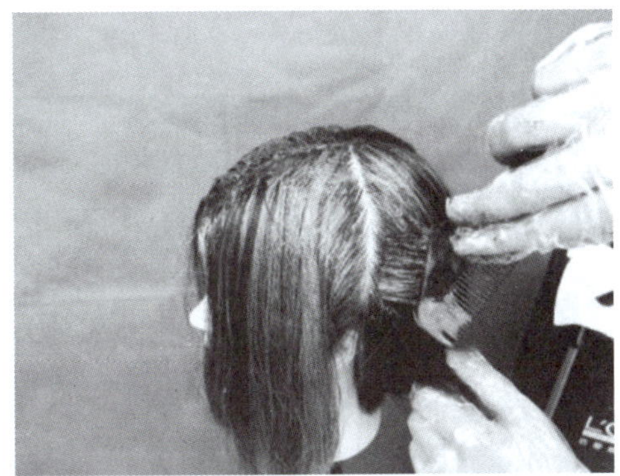

图 5–3–4　涂抹分区线

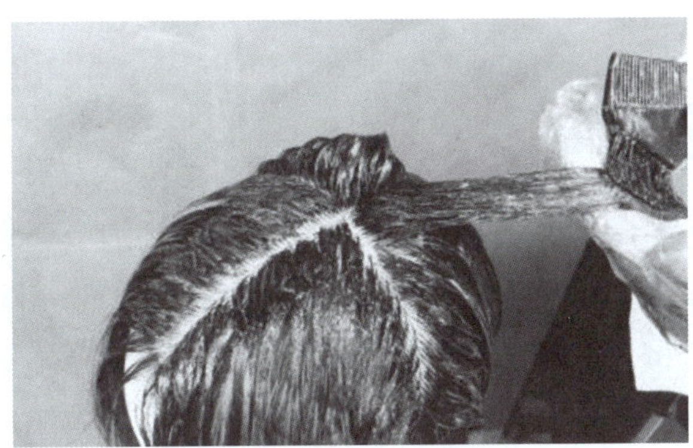

图 5–3–5　涂抹发片

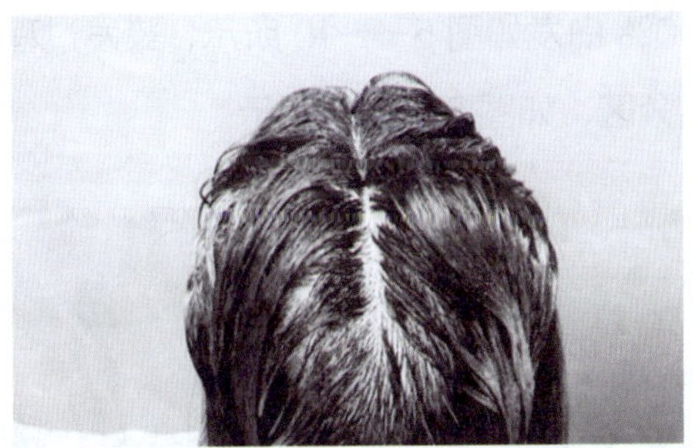

图 5–3–6　依次涂抹四个区域

图 5–3–7　涂抹完成

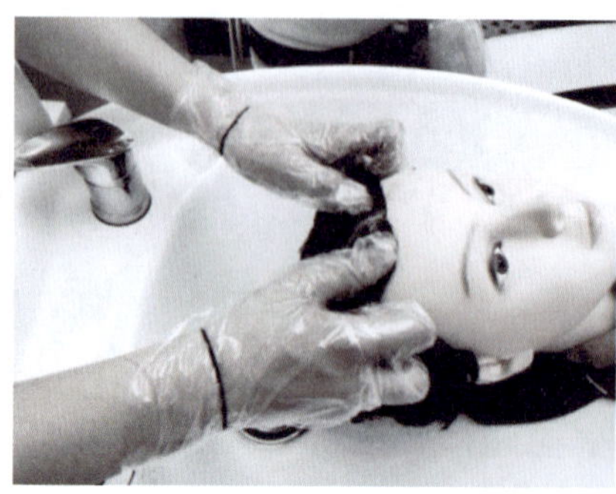

图 5-3-8　乳化冲水

图 5-3-9　吹风造型

2. 女士 50%～100% 白发如图 5-3-10 所示，染发过程如下：

（1）先将头部十字分区，如图 5-3-11 所示。

图 5-3-10　女士 50%～100% 白发

图 5-3-11　十字分区

（2）调配染膏，染膏为目标色（4.05）加 1/2 基色（4）或基本金色（4.3），调配比例为 2∶1∶1.5，如图 5-3-12 所示。

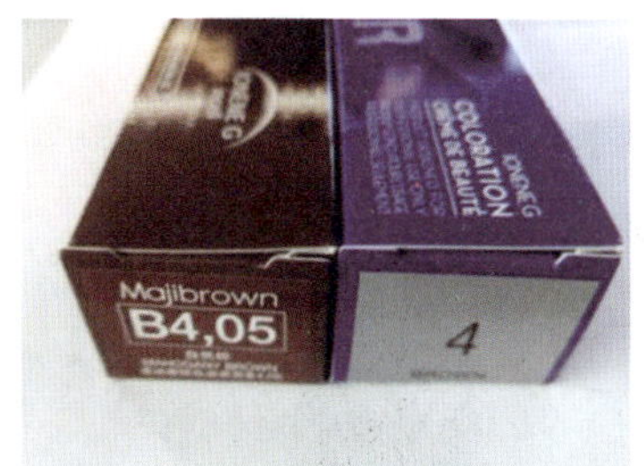

图 5-3-12　调配染膏

（3）用调配好的染膏涂抹分区线，如图 5-3-13 所示。

（4）分取发片，按八字交叉法依次涂抹发片，如图 5-3-14 所示。

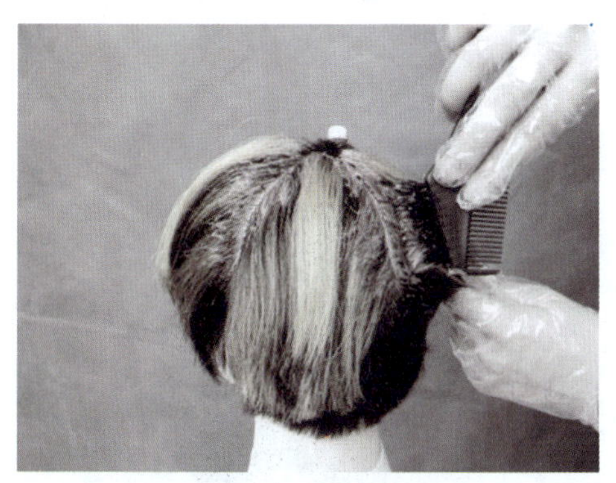

图 5-3-13　涂抹分区线

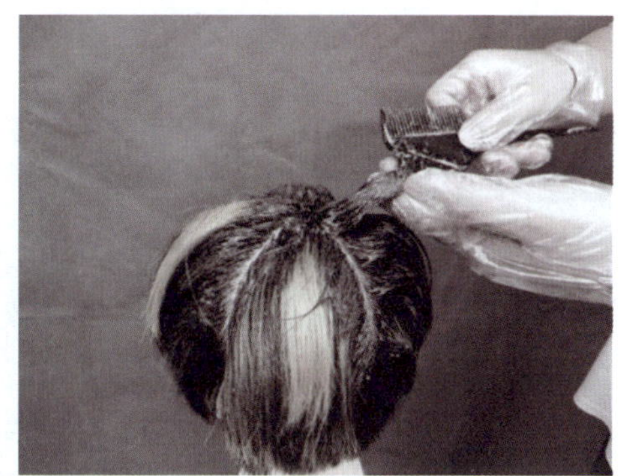

图 5-3-14　涂抹发片

（5）依次涂抹四个区域，如图 5-3-15 所示。

（6）涂抹完成，等待 45 分钟，如图 5-3-16 所示。

图 5-3-15　依次涂抹四个区域

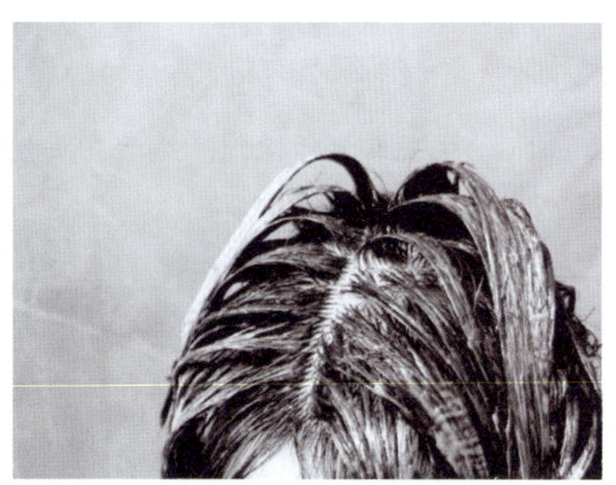

图 5-3-16　涂抹完成

（7）乳化冲水，如图 5-3-17 所示。

（8）吹风造型，如图 5-3-18 所示。

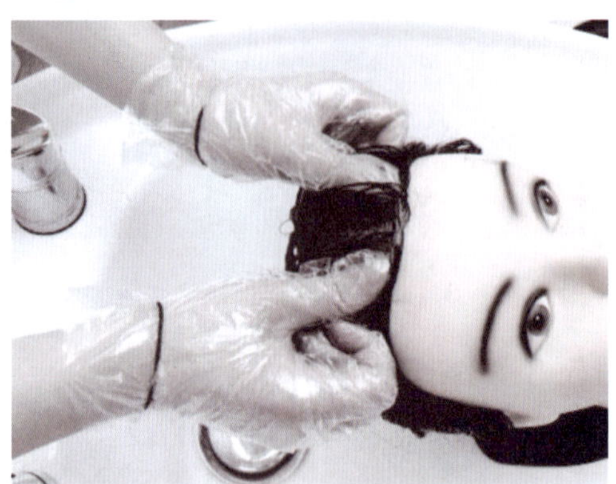
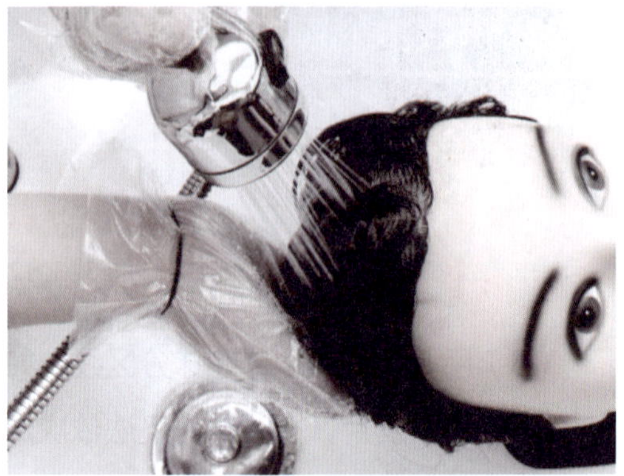

图 5-3-17　乳化冲水

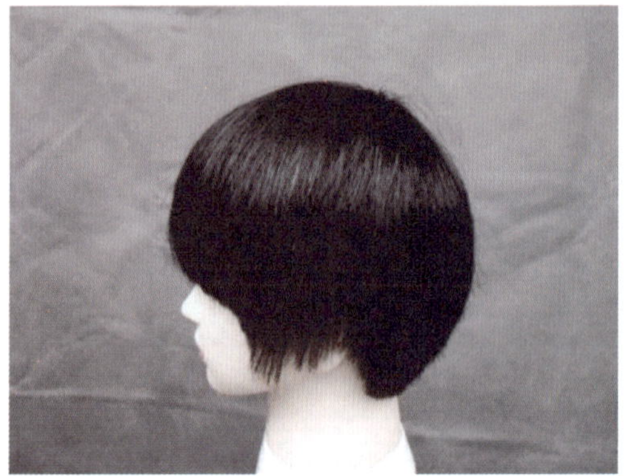

图 5-3-18　吹风造型

## 任务实施

学生观看教师操作，然后在头模上进行实操练习。

## 任务评价

小组任务评价表

| 评价内容 | | 分数 | 自评 | 他评 | 教师点评 |
|---|---|---|---|---|---|
| 1 | 能正确选用染膏配方 | 10 | | | |
| 2 | 能分片均匀涂抹染膏 | 10 | | | |
| 3 | 能阐述染发每个环节的注意事项 | 10 | | | |
| 综合评价 | | | | | |

# 任务 4
# 多段色统一的覆盖

## 任务描述

江小姐是位模特，她因工作原因将头发染得五颜六色，于是来到美发沙龙，想请美发师将她的头发颜色统一。

## 任务准备

自主学习多段色染色的步骤，识记染色各个环节时间控制的要点。

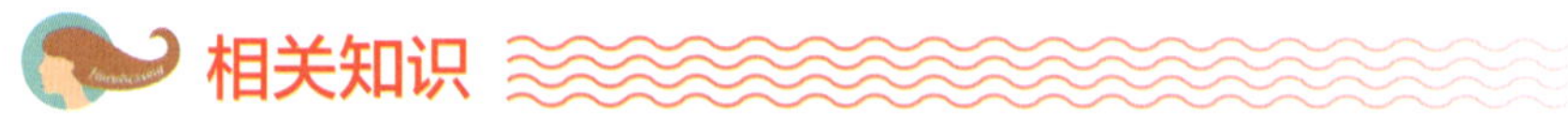

## 相关知识

### 一、咨询顾客

通过专业的沟通和询问，了解顾客的想法，同时为顾客解决问题。处理多段色统一的方法是将头发染成比原本发色深的颜色或者同一色度的颜色，从而遮盖住不均匀的发色。

### 二、发质分析

染膏的作用过程是先分解掉头发内的麦拉宁色素，然后再加入染料以显色。如果是染新生发，因为整体明度相同，所以只用一种颜色，经过分解色素和显色过程后，发色就可以染得很均匀。但如果是已经染过的头发，因为发根和发尾的明度不同，如果只使用一种颜色，染出来的发色会不均匀。所以有必要补充已染部分不足的麦拉宁色素，即配合头发中间部分的色素含量，减少发根新生部分麦拉宁色素，然后再补充发尾褪色部分的色素，并加入棕色控制明度。

## 三、鉴别皮肤

由于染膏有一定的腐蚀性，因此在染发前，首先要查看顾客皮肤是否有破伤、疮节等病变；其次要询问顾客是否有过敏史，也可做皮试，方法是将染膏涂在顾客的耳后或手臂内侧，30 分钟后擦净，24 小时内如果没有发痒、红肿现象则可以染发。

## 四、审视肤色、发色

仔细观察顾客皮肤的颜色，是白或偏红、偏黄、偏黑等；同时要观察顾客头发颜色属于哪个色调，并询问顾客希望染成的颜色。综合以上信息，对照色板决定调色的比例。

## 五、备齐物品、做好防护

备好染发毛巾、染发围布、染发刷、染发梳、染发碗、鸭嘴夹、手套、染膏、双氧等；将顾客头发洗干净，吹至九成干；围好染发围布，垫好染发毛巾，沿发际线涂一层发油。

## 六、染发操作

多段色头发（发根黑色、发中棕色、发尾浅黄色）如图 5-4-1 所示。

1. 将头发分区，如图 5-4-2 所示。

图 5-4-1　多段色头发

图 5-4-2　头发分区

2. 调配染膏，染膏为 5/35 染膏 +6% 双氧，调配比例为 1 : 1.5，如图 5-4-3 所示。

3. 先纵向分区涂抹，不将头发拉出，直接从发根开始涂抹，梳子先由发根往变色的分界线梳，再反过来由变色分界线往发根梳，如图 5-4-4 所示。

图 5-4-3　调配染膏

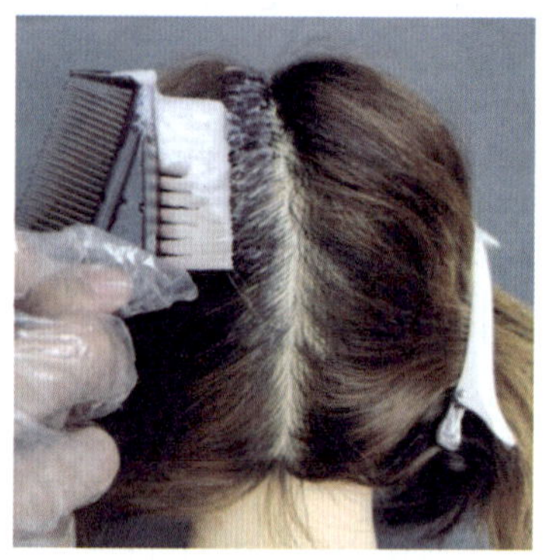
图 5-4-4　纵向分区涂抹

4. 接下来换成横向分区涂抹，先由发根往变色分界线梳，再反过来由变色分界线往发根梳，如图 5-4-5 所示。

5. 顺着分区线取薄发片，涂抹发根，如图 5-4-6 所示。

图 5-4-5　横向分区涂抹

图 5-4-6　涂抹发根

6. 纵向分区，从后方往侧面脸周依次涂抹，如图 5-4-7 所示。

7. 交叉检查，看是否有没涂到的部分，如图 5-4-8 所示（等待 15 分钟）。

8. 再次调配染膏：5/35 染膏 +6% 双氧，调配比例为 1：1.5。

9. 确认分界线，涂抹中段。因为中段和发尾的染膏不同，只有上染膏之前先确认头发从哪里开始变色，才不会染错地方，如图 5-4-9 所示。

10. 在不超过变色分界的范围内梳理头发，使染膏均匀。刷完发中后等待 35 分钟，在最后 5 分钟，用剩余染膏加入温水涂放于发尾并适当搓揉，帮助染膏渗透，如图 5-4-10、图 5-4-11 所示。

11. 最后冲洗干净，检查后再吹风造型，如图 5-4-12 所示。

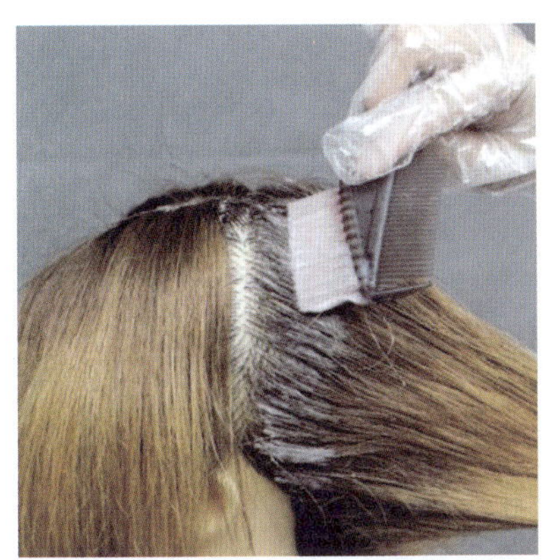
图 5-4-7　依次涂抹

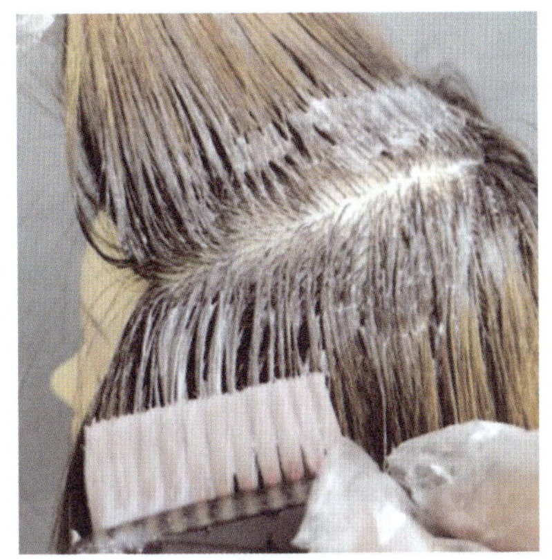
图 5-4-8　交叉检查

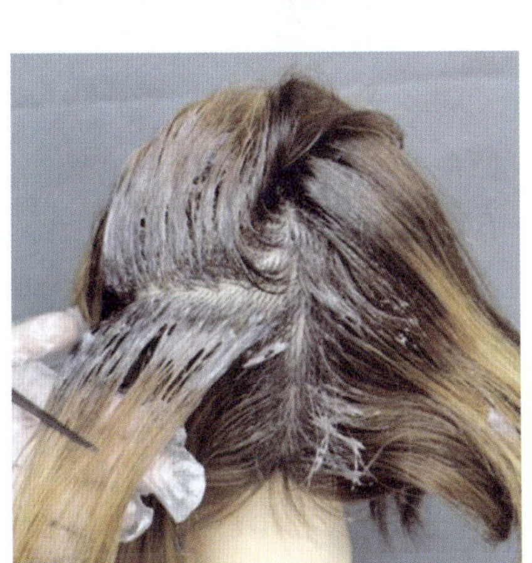
图 5-4-9　确认分界线

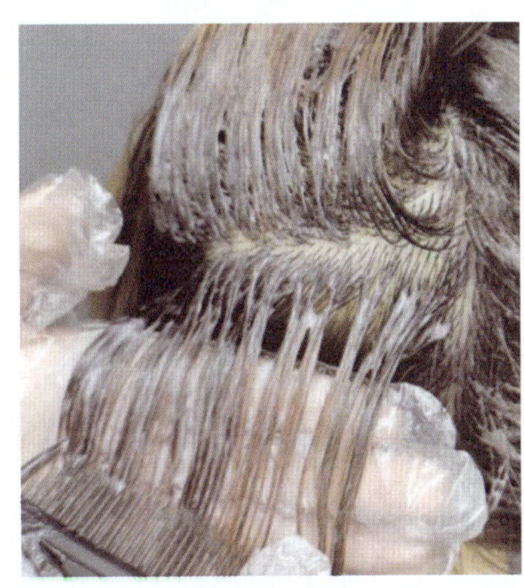
图 5-4-10　梳理头发

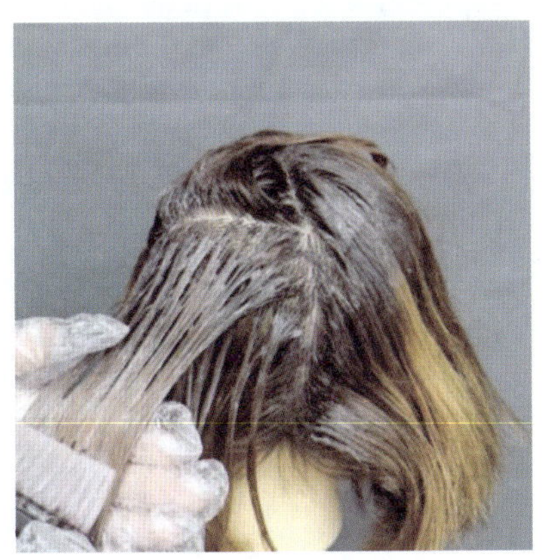
图 5-4-11　涂抹发尾

图 5-4-12　吹风造型

## 任务实施

学生观看教师操作，然后在头模上进行实操练习。

## 任务评价

小组任务评价表

| 评价内容 | | 分数 | 自评 | 他评 | 教师点评 |
|---|---|---|---|---|---|
| 1 | 能正确选用染膏调配 | 10 | | | |
| 2 | 能分片均匀涂抹染膏 | 10 | | | |
| 3 | 能阐述染发每个环节的注意事项 | 10 | | | |
| 综合评价 | | | | | |

# 模块六
# 改变色调的深浅

## 学习目标

能分辨顾客发质的度数与底色的度数，并根据情况选择不同的双氧和染膏

能按染发标准流程进行改变色调深浅的操作

# 任务1 染浅的运用

## 任务描述

小美来到美发沙龙，想请美发师把自己的头发染浅，美发师该如何为小美进行染浅操作？

## 任务准备

1. 识记染色的步骤，分析染色各个环节时间控制的要点。
2. 练习对头发天然度数与底色度数的分辨。

## 相关知识

染浅是指染发时头发色度由深变浅的染发过程，分为天然发色染浅和人工色素染浅两种情况。在同一色素下，发质的健康情况欠佳者、头发较细者或经常烫发者，染浅效果相对比健康或粗硬发质者更好。

### 一、天然发色染浅的操作方法

1. 将头发梳顺，进行十字分区，如图 6-1-1、图 6-1-2 所示。

2. 调配染膏，如图 6-1-3 所示。

3. 将调配好的染膏从离发根约 2 cm 处均匀涂抹至发尾，着色约 15 分钟。

4. 重新调配染膏，再涂抹于发根上等待 35 分钟，然后用洗发水清洗。清洗完毕，用护发素、发尾油护理头发，如图 6-1-4、图 6-1-5 所示。

图 6-1-1　十字分区（前）

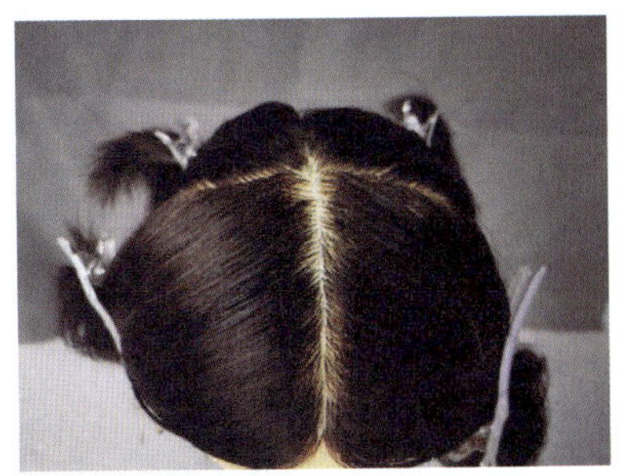
图 6-1-2　十字分区（后）

图 6-1-3　调配染膏

图 6-1-4　涂抹发根至发尾

图 6-1-5　涂抹完成效果

## 二、人工色素染浅的操作方法

1. 将漂粉配合适当的双氧涂抹于人工色素部分。
2. 观察染浅至相应底色或浅一度时即可。
3. 冲洗、吹干。
4. 再按照补染先涂新生发，再涂发尾的方法进行染色。
5. 冲洗、吹干、造型。

## 任务实施

1. 根据顾客情况判断染浅类别。
2. 判断天然色度与底色度数，选择双氧。
3. 调配染膏进行染色。

## 任务评价

小组任务评价表

| 评价内容 | | 分数 | 自评 | 他评 | 教师点评 |
|---|---|---|---|---|---|
| 1 | 能熟记操作流程和注意事项 | 10 | | | |
| 2 | 能按流程进行准备工作 | 10 | | | |
| 3 | 能按标准进行实际操作 | 10 | | | |
| 综合评价 | | | | | |

# 任务 2 染深的运用

## 任务描述

王女士来到美发沙龙想改变自己的发色。美发师看到王女士的头发掉色严重，色调偏黄，显得很没精神，决定为她的头发做染深处理。

## 任务准备

1. 收集 3 种以上不同发质的图片。
2. 识记染色的步骤，自主学习打底的操作方法。

## 相关知识

由于头发中的色素会干扰染膏上色，所以在染深操作时，要有针对性地调整头发色度。

健康发质染深时，只要是染深 3 度以内的颜色，都可以通过增加发梢颜色的饱和度来操作，方法如下：

1. 将目标颜色配合适当的双氧涂放于发根。
2. 从色素补充选择表（见表 6-2-1）中选出色素补充色，剩余产品加温水 15 mL，再加 3 cm 的补充色。
3. 将调配好的染膏涂放于发梢。
4. 停放时间为 35 分钟。
5. 按摩、乳化、冲洗、造型。

表 6-2-1　色素补充选择表

| 目标色 | 色素补充选择 |
| --- | --- |
| 9 度 | 8.34 |
| 8 度 | 8.34 |
| 7 度 | 7.43、7.40、6.45、6.46、6.64、6.66 |
| 6 度 | 6.45、6.46、6.64、6.66 |
| 5 度 | 4.45 |
| 4 度 | 4.45、4.65 |

受损发质染深时，因为目标色里的基色不足，所以一般效果都会比较浅。为此可以进行加基色处理，即在染色时加入目标色的基色，基色根据头发自身情况而定，一般加 1/5 左右。

极度受损发质染深时，需要色素打底，即用目标色染膏加水后进行打底，再用目标色和双氧进行染色，目的是重新建立一个较深的色度。

准确分析顾客头发状况，正确调配染膏并按照标准进行染深操作。

小组任务评价表

| 评价内容 | | 分数 | 自评 | 他评 | 教师点评 |
| --- | --- | --- | --- | --- | --- |
| 1 | 能准确分析头发的状况 | 10 | | | |
| 2 | 能给出正确的染深建议 | 10 | | | |
| 3 | 能按标准进行染深操作 | 10 | | | |
| 综合评价 | | | | | |

# 模块七
# 头发的漂染

## 学习目标

能辨别过渡色漂染的类别

能运用正确手法进行漂染

能根据顾客要求，规范完成漂粉的褪色过程

# 任务 1 过渡色的漂染

## 任务描述

王小姐来到美发沙龙，想要将自己的头发进行二段同类色过渡色漂染，她的原发色是 3 度左右，美发师需在 40 分钟内完成漂染操作。

## 任务准备

1. 收集、查询过渡色漂染的类别。
2. 了解漂粉的褪色过程。

## 相关知识

漂染又叫渐变色染发、渐层式染发，是将发片染成双色甚至多色，用褪色的方式将发色做成由深到浅或者由浅到深的效果，以增加发型的层次感和立体感的一种染发方法。

### 一、过渡色漂染的类别

#### 1. 自然渐变

自然渐变效果柔和、自然，使用相邻色系染发，过渡自然不突兀，适合想多色染发又不显浮夸的顾客。

#### 2. 视觉渐变

视觉渐变效果夸张，使用冷暖色搭配，形成鲜明的对比，适合个性化、非主流路线的顾客。

## 二、过渡色漂染的操作

1. 取一片发片，分成两段。

2. 选择双氧度数，配比漂粉。

3. 第一段发尾：漂粉 +12% 双氧；第二段发尾加发中：漂粉 +9% 双氧。

4. 涂放目标色：每段接口处将漂粉刷成锯齿状，然后将目标色染膏一次性涂放到漂过的头发上，以产生三段渐变，如图 7-1-1 所示。

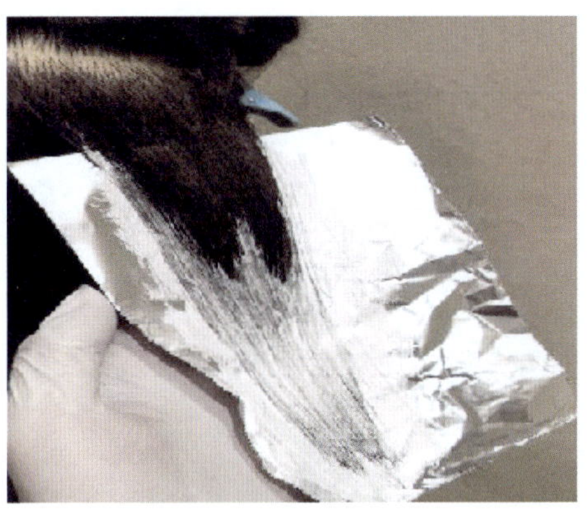

图 7-1-1 锯齿状刷漂粉

## 任务实施

学生观看教师操作，然后以下面图片为灵感愿望，在头模上进行实操练习。

自然渐变

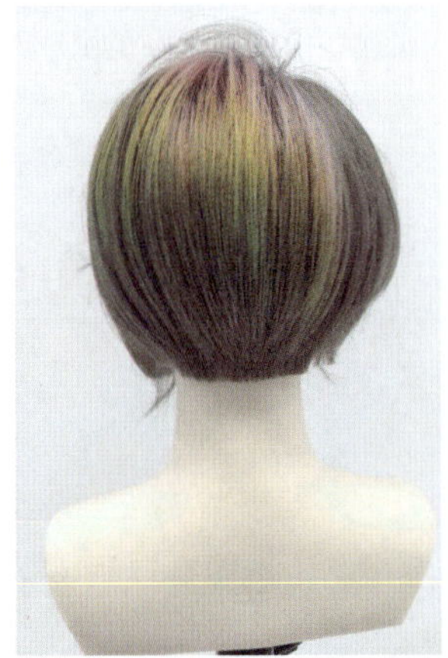

视觉渐变

## 任务评价

小组任务评价表

| 评价内容 | | 分数 | 自评 | 他评 | 教师点评 |
|---|---|---|---|---|---|
| 1 | 能自主学习过渡色漂染的类别 | 20 | | | |
| 2 | 能正确掌握过渡色漂染的技巧及涂放方式 | 10 | | | |
| 综合评价 | | | | | |

# 任务 2
# 挑染的漂染

## 任务描述

李小姐来到美发沙龙想要将头发进行染色，美发师在进行发型设计后认为其整体发型比较呆板，需对发型进行挑染操作，以体现头发的光泽和层次感。

## 任务准备

1. 熟练掌握漂染的手法。
2. 自主了解挑染的作用。

## 相关知识

### 一、挑染的作用

1. 高密度挑染提高明度。
2. 高密度挑染改变色调。
3. 中密度挑染提高光泽度。
4. 大间隔挑染体现束状感。

### 二、挑染的角度

1. 水平挑染（0°）：分散融入发型中，如图 7-2-1 所示。
2. 斜条挑染（45°）：结合水平和垂直的效果，如图 7-2-2 所示。
3. 垂直挑染（90°）：增加头发的束状感，如图 7-2-3 所示。

图 7-2-1 水平挑染

图 7-2-2 斜条挑染

图 7-2-3 垂直挑染

## 三、挑染的分片

1. 正三角形分片：可以用于发中和发尾，体现发型的动感。
2. 倒三角形分片：可以用于发根，体现发型的光泽度和蓬松度。
3. 长方形分片：大面积使用可以体现发型的整体动感。
4. 正方形分片：可以体现发型的线条感和束状感。

## 任务实施

1. 选择密度、角度和形状。

2. 分一个 2 cm 厚度的分区，像画圈那样挑起薄束发片，按倒三角形分片进行大间隔挑染，如图 7-2-4 所示。

3. 涂抹漂粉。漂粉涂抹均匀后将锡纸折好，如图 7-2-5、图 7-2-6 所示。

4. 整体涂抹目标色，如图 7-2-7 所示。

图 7-2-4　按倒三角形分片进行大间隔挑染

图 7-2-5　涂抹漂粉

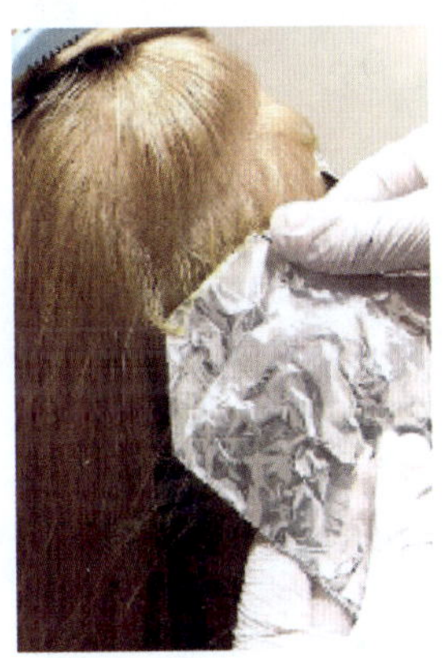

图 7-2-6　折叠锡纸

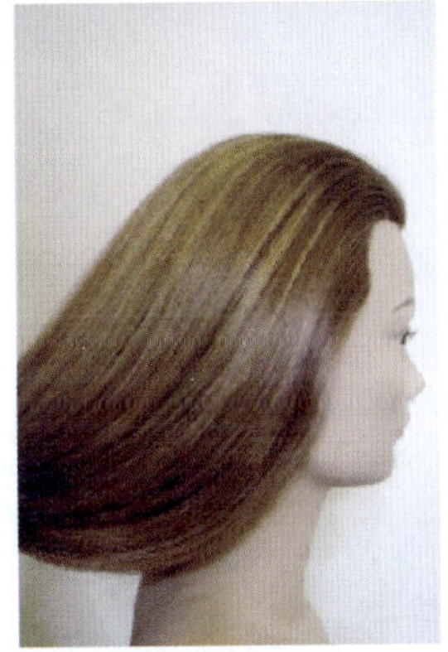

图 7-2-7　整体涂抹目标色

## 任务评价

小组任务评价表

| 评价内容 | | 分数 | 自评 | 他评 | 教师点评 |
|---|---|---|---|---|---|
| 1 | 能自主学习不同类型挑染的作用 | 10 | | | |
| 2 | 能正确操作挑染的漂染手法 | 20 | | | |
| 综合评价 | | | | | |

# 模块八

# 静态发型的片染

## 学习目标

认识锡纸包裹的功能和效果

能独立对需要漂色的位置均匀涂放漂粉

能正确进行色彩搭配，完成目标染色

能正确运用片染的手法

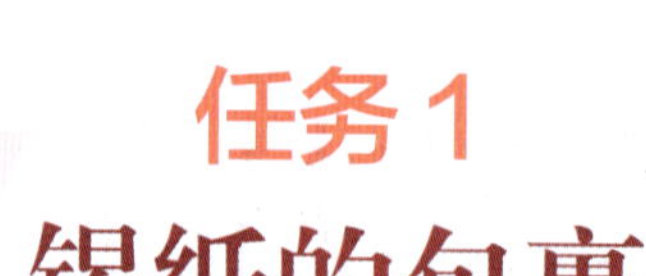

# 任务 1 锡纸的包裹

## 任务描述

为增加发型的动感和立体感，美发师要为顾客进行片染操作，他要求助理准备好锡纸，并帮助他完成锡纸包裹的操作。

## 任务准备

自主学习锡纸包裹的功能和效果。

## 相关知识

日常使用的锡纸又叫铝箔纸，分为光面和亚光面，光面可以更好地吸收外部热量，帮助头发均匀受热；亚光面可使热量均匀地散发在头发表面，缩短头发褪色时间，同时还可以隔离多色染，避免串色。进行片染时，美发师应用锡纸包住头发，以使头发迅速升温，从而达到头发褪色大于 7 度的效果。使用锡纸包裹的操作步骤如下：

### 1. 确定目标色，取出发片

在做静态发型的片染时，应将想要染特殊颜色的发片取出，厚度不超过 1 cm，宽度不得超过锡纸的宽度，如图 8-1-1 所示。

### 2. 手撕锡纸并折压

将锡纸撕成长条状，长度超过发片长度 3 cm 左右，然后将锡纸顶部 1 cm 反向叠压以增加硬度，用于支撑发根，如图 8-1-2、图 8-1-3 所示。

图 8-1-1　取出发片

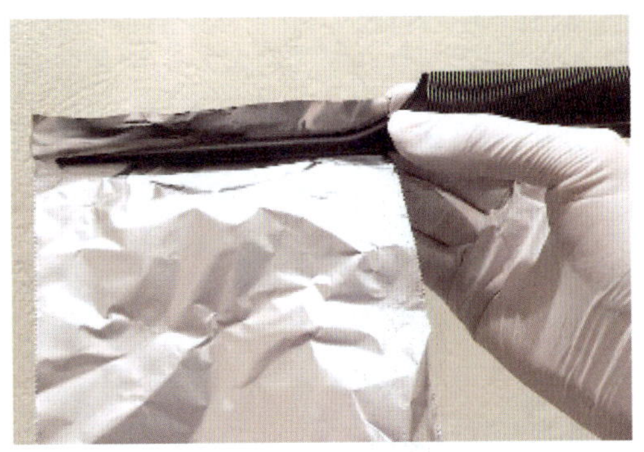

图 8-1-2　锡纸顶部留出 1 cm

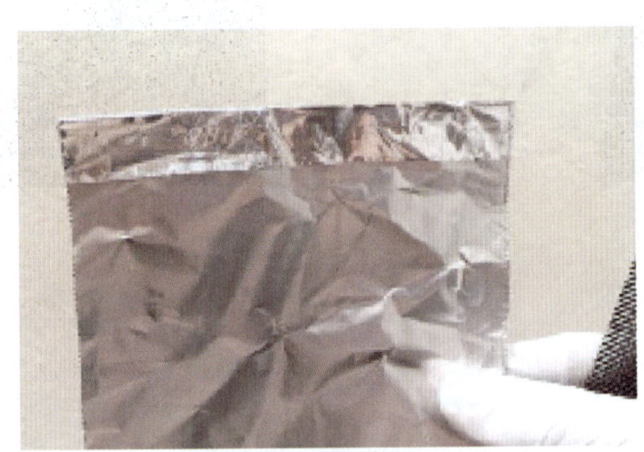

图 8-1-3　反向折叠锡纸顶部

### 3. 涂放目标色

将锡纸放于发片下方，将头发梳通顺放于锡纸上方，涂放目标色，如图 8-1-4 所示。

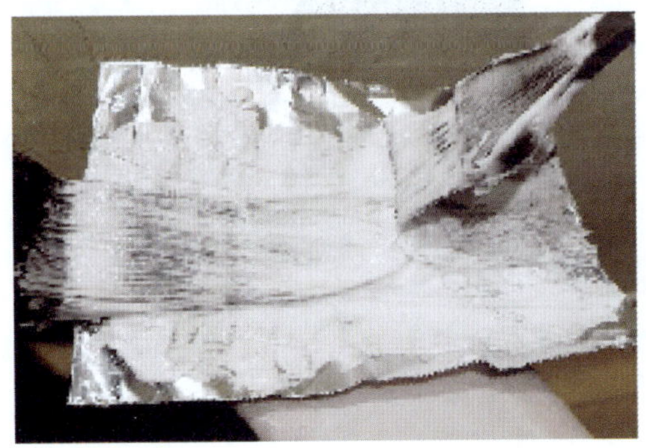

图 8-1-4　锡纸放于发片下方

### 4. 封盖锡纸并包裹

染膏涂放完成后，用同样大小的锡纸放于发片上方，上下两层锡纸边缘向上折叠，如图 8-1-5 所示。

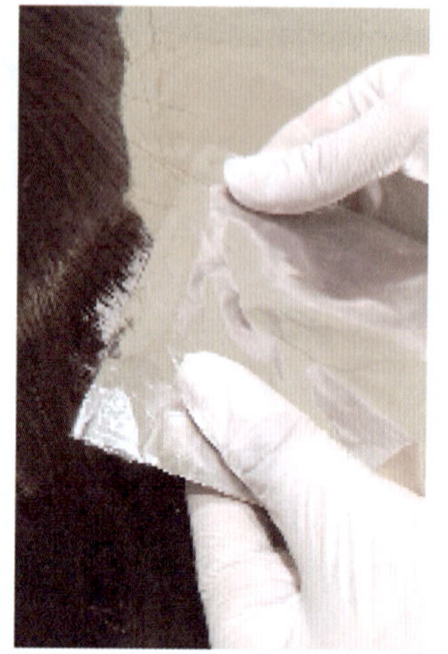

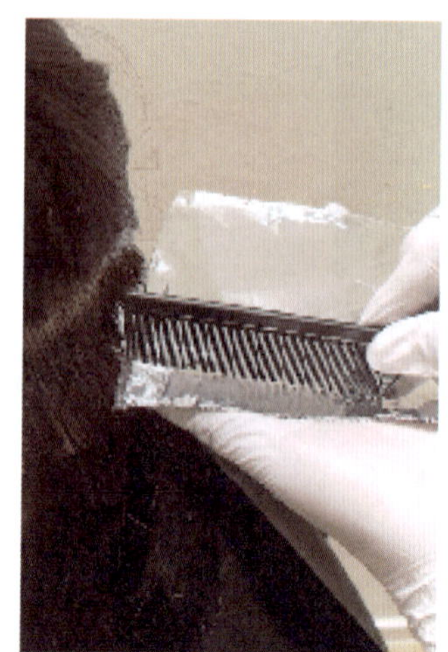

图 8-1-5　上下两层锡纸边缘向上折叠

## 任务实施

1. 正确划分区域，均匀提取发片。
2. 按标准撕折锡纸。
3. 正确涂抹染膏。

## 任务评价

小组任务评价表

| 评价内容 | | 分数 | 自评 | 他评 | 教师点评 |
|---|---|---|---|---|---|
| 1 | 能自主学习锡纸的功能 | 10 | | | |
| 2 | 能正确使用锡纸进行包裹操作 | 20 | | | |
| 综合评价 | | | | | |

# 任务 2
# 片染手法的运用

## 任务描述

美发师对顾客钟女士的发型进行了评估，认为她的头发颜色较单一，为避免发型呆板，美发师要为钟女士的头发进行局部片染，从而增加发型的动感和立体感。

## 任务准备

1. 复习色彩的搭配原理。
2. 复习锡纸的包裹方法。

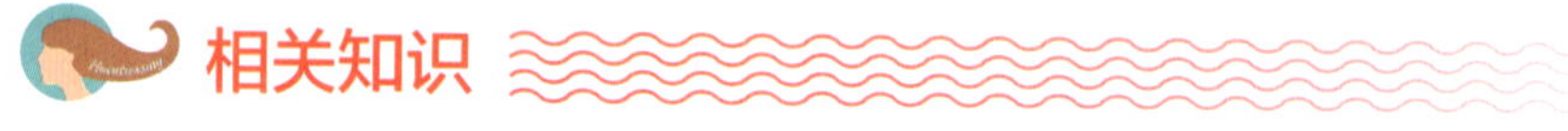

## 相关知识

### 一、色彩搭配的原理

#### 1. 明暗度搭配

明暗度搭配如色调 3/0 到 4/0 再到 6/0。这种颜色搭配比较含蓄，适合 40 岁左右、偏生活化的人群，如图 8-2-1 所示。

#### 2. 同类色搭配

同类色搭配如色调 5.43/6.43/7.43 渐变。这种颜色搭配给人一种细腻的感觉，适合 35 岁左右的人群，如图 8-2-2 所示。

图 8-2-1　明暗度搭配

图 8-2-2　同类色搭配

### 3. 邻近色搭配

邻近色搭配如色调 43/45、66/65。这种颜色搭配给人时尚立体的感觉，适合 30 岁左右的人群，如图 8-2-3 所示。

### 4. 冷暖色搭配

冷暖色搭配如色调 8/2、8/3、8/4。这种颜色搭配给人潮流时尚的感觉，适合 25 岁左右的人群，如图 8-2-4 所示。

图 8-2-3　邻近色搭配

图 8-2-4　冷暖色搭配

## 二、片染的原理

片染的原理是根据设计理念不同，将头发分部位染成不同层次，以增强发型的立体感。片染的手法分为斜线染、区域染等，可以随心所欲地把头发“拼凑”

成内深外浅、上深下浅，甚至左深右浅的效果。

## 三、片染的操作

### 1. 分区

根据发型的设计进行分区。

### 2. 取发片

将头发按片状取出，宽度 5 cm 左右，厚度不超过 2 cm，可根据发型设计进行角度提拉。

### 3. 涂放目标色

将等大的锡纸平整地放于发片下方，将头发梳通顺放于锡纸上方，在距离发根 3~10 mm 处涂抹目标色，如图 8-2-5、图 8-2-6 所示。

### 4. 封盖锡纸并包裹

染膏涂放完成后，用同样大小的锡纸放于发片上方，上下两层锡纸边缘向上折叠。

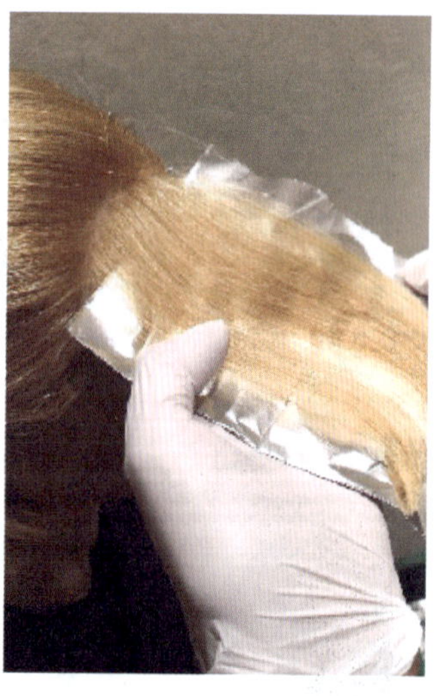

图 8-2-5　头发放于锡纸上方

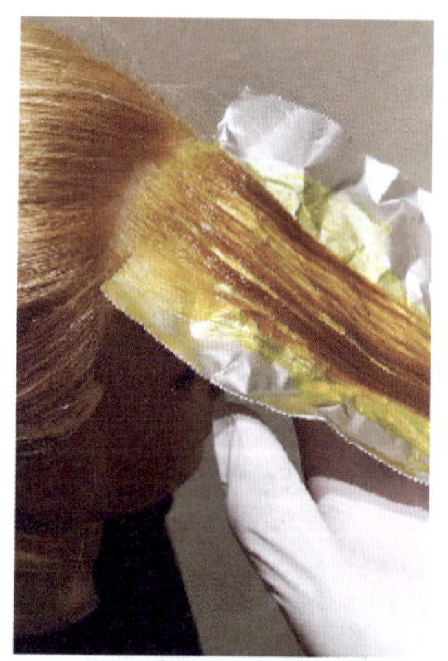

图 8-2-6　涂抹目标色

## 任务实施

学生观看教师操作，然后以下面图片为灵感愿望，在头模上进行实操练习。

明暗度片染

邻近色片染

##  任务评价

小组任务评价表

| 评价内容 | | 分数 | 自评 | 他评 | 教师点评 |
|---|---|---|---|---|---|
| 1 | 能正确进行色彩搭配，完成目标染色 | 10 | | | |
| 2 | 能正确运用片染的手法 | 20 | | | |
| 综合评价 | | | | | |

# 模块九

# 动态发型的挑染

## 学习目标

了解不同类型挑染的作用

了解渐层式挑染和对比式挑染的方式

能正确进行双色挑染的色彩搭配

能熟练运用挑染的手法进行双色挑染

能熟练运用挑染的手法进行长发丝绸挑染

# 任务 1
# 短发创意发型的双色挑染

## 任务描述

李小姐来到美发沙龙想要将头发进行染色，美发师根据她的气质、身份、工作特点决定为其进行短发创意发型的双色挑染。

## 任务准备

1. 自主学习不同类型挑染的作用。
2. 复习挑染的手法。

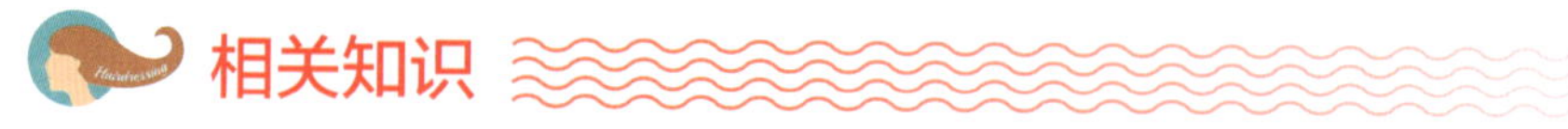

## 相关知识

### 一、双色挑染的定义

双色挑染是指在头发上做两种目标色，这两种目标色可以是对比色彩，也可以是协调色彩。对比色彩是指紫色和黄色搭配、蓝色和橙色搭配、绿色和红色搭配等。协调色彩是指红色和橙色搭配、红色和紫色搭配等。

### 二、双色挑染的技巧

#### 1. 原发色较暗，选用高明度做挑染

这种技巧是选用相差 3 到 4 度的高明度设计，将发色的差距变大，使整体发色既能变亮，又能变得更自然。

### 2. 原发色较暗，选用低明度做挑染

这种技巧主要用于打造内敛的造型效果，适用于较保守的顾客，既能有变化，又不至于变化太大。

### 3. 原发色较亮，选用高明度做挑染

由于原来的发色很亮，即使选用高明度做挑染，也不会给人过于醒目或不协调的感受。这种技巧做出的造型会呈现出整体明亮并且柔和的感觉。

### 4. 原发色较亮，选用低明度做挑染

这种技巧能让顾客的造型呈现稳重的感觉。因为选用低明度的配色，只需在原本的高明度上做压深挑染，不仅不会对发质造成损伤，还会在空间感和质感上体现更好的效果。

## 任务实施

1. 挑染设计

根据发型的设计选择密度、角度和形状。

2. 取出发片

将头发按片状取出，宽度 5 cm 左右，厚度不超过 2 cm，可根据发型设计进行角度提拉，挑出相应的头发，如图 9–1–1 所示。

3. 涂放目标色

将等大的锡纸平整地放于发片下方，将头发梳通顺放于锡纸上方，在距离发根 3 ～ 10 mm 处涂抹目标色，如图 9–1–2 所示。

图 9–1–1　取出发片

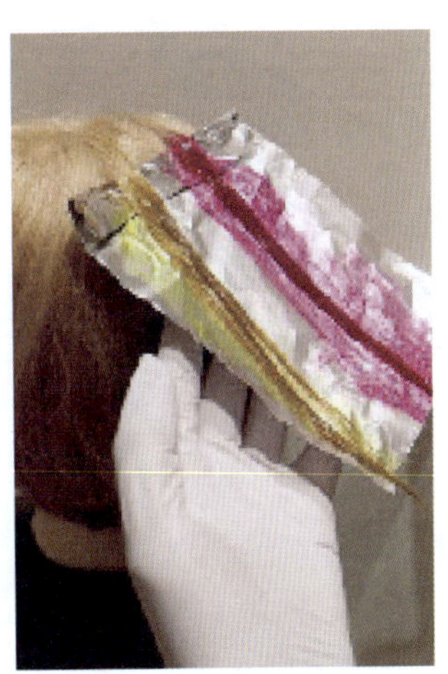

图 9–1–2　涂抹目标色

4. 封盖锡纸并包裹

染膏涂放完成后，用同样大小的锡纸放于发片上方，上下两层锡纸边缘向上折叠。

## 任务评价

小组任务评价表

| 评价内容 | | 分数 | 自评 | 他评 | 教师点评 |
|---|---|---|---|---|---|
| 1 | 能正确进行双色挑染的色彩搭配 | 10 | | | |
| 2 | 能熟练运用挑染的手法进行双色挑染 | 20 | | | |
| 综合评价 | | | | | |

# 任务 2
# 长发丝绸发型的挑染

## 任务描述

李小姐来到美发沙龙，想要将自己的长发进行染色，美发师根据她的气质、身份、工作特点决定为其进行长发丝绸发型的挑染，通过多种颜色的叠加产生渐变的效果，从而增加头发的色彩，使发型充满时尚感。

## 任务准备

自主学习渐层式挑染和对比式挑染的方式。

## 相关知识

### 一、渐层式挑染

渐层式挑染的方式有很多，如三角式挑染和斜线式挑染等，每一种都有其特色。

#### 1. 三角式挑染

以三角形发束形式进行挑染可以让发型的层次表现得更好（适合中长发或长发），因为挑染后的发片在垂落时会呈现尖形，让发型的层次和挑染部分的线条更明显。和以往的编织式挑染相比，三角式挑染的发量和形状都比较突出，但应注意三角形分区之间的距离不可太近，不然会出现挑染部分过多的情况。三角式挑染最适合削刀长发。

#### 2. 斜线式挑染

斜线式挑染要视发型的需求而定。斜线式分区能表现出层次的自然感，在进行长分区时应着重于顶部，适合自然感强的发型，如披头式、羽毛剪发等。

## 二、对比式挑染

对比式挑染是利用色彩的深浅度对比来呈现发色的自然感和层次感。

### 1. 断层式挑染

断层式挑染适合侧分或中分的中长发型。具体操作是先将发型吹好，将分线旁1 cm或1.5 cm（视色彩效果明显与否）处发片挑起，拿发夹夹好不染，再以波浪式的挑区手法，用锡纸包好发片，每一层发片之间保留约1.5 cm的距离。这样的手法可以呈现出一种隐隐约约的效果，因为最上层的发片落下时会盖住下层的染发，只在头发摆动时才能看到染色部分。如果底层颜色较浅，可以让整个发型感觉柔和飘逸（染发色和自然色相差5度左右）。

### 2. 底层式挑染

底层式挑染的操作手法与断层式挑染方法一样，但应把分线旁2~3 cm的发片挑起来夹好不染，再用比自然色浅一度的颜色把余下头发全染，这样头发会呈现明显的深浅度。底层式挑染比较适合自然卷发式或发量过多的顾客，可让发质显得柔和细软。

## 任务实施

学生观看教师操作，然后以下面图片为灵感愿望，在头模上进行实操练习。

渐层式挑染

对比式挑染

## 任务评价

小组任务评价表

| 评价内容 | | 分数 | 自评 | 他评 | 教师点评 |
|---|---|---|---|---|---|
| 1 | 能自主学习渐层式挑染和对比式挑染的方式 | 10 | | | |
| 2 | 能熟练运用挑染的手法进行长发丝绸发型的挑染 | 20 | | | |
| 综合评价 | | | | | |